尚觉
时视

跟着大师学时装画

【意】蒂奇亚纳·帕奇 TIZIANA PACI　编著

景戈芯　译

U0244598

中国青年出版社

谨以此书献给阿巴·马尔切洛。他受人尊敬，也善于鼓励别人。他是一位精力充沛的、完美的、常给人带来灵感的传教士。阿巴·马尔切洛是坎德拉利亚人，也是埃塞俄比亚沃莱伊塔区首府索多代牧区的教区牧师。

同时，此书也献给非洲的孩子们。我在"微笑儿童城"中心遇见了他们。阿巴·马尔切洛心怀大爱，他把街头巷尾流浪的孩子带到中心，也把所有的精力和大部分时间都献给了他们。感谢众多支持者和"微笑儿童城"中心，让马尔切洛能为孩子们提供食物、住房、教育和基本的工作技能培训。

感谢您，阿巴·马尔切洛。

尚觉

时视

跟着大师学时装画

【意】蒂奇亚纳·帕奇 TIZIANA PACI　编著

景戈芯　译

中国青年出版社

Original title: *Dipingere la moda. Pose e Tecniche del Colore*
Author: Tiziana Paci
Copyright © 2018 Ikon Editrice srl
Copyright © 2018 HOAKI BOOKS, S.L.

律师声明

北京市中友律师事务所李苗苗律师代表中国青年出版社郑重声明：本书由HOAKI BOOKS, S.L.公司授权中国青年出版社独家出版发行。未经版权所有人和中国青年出版社书面许可，任何组织机构、个人不得以任何形式擅自复制、改编或传播本书全部或部分内容。凡有侵权行为，必须承担法律责任。中国青年出版社将配合版权执法机关大力打击盗印、盗版等任何形式的侵权行为。敬请广大读者协助举报，对经查实的侵权案件给予举报人重奖。

侵权举报电话

全国"扫黄打非"工作小组办公室　　　中国青年出版社
010-65233456 65212870　　　　　010-50856028
http://www.shdf.gov.cn　　　　　　E-mail: editor@cypmedia.com

图书在版编目（CIP）数据

时尚视觉：跟着大师学时装画 /（意）蒂奇亚纳·帕奇编著；景戈芯译 .-- 北京：中国青年出版社，2019.9
书名原文：Colour in Fashion Illustration：Drawing and Painting Techniques
ISBN 978-7-5153-5798-0

I. ①时… II. ①蒂… ②景… III. ①时装-绘画技法 IV. ①TS941.28

中国版本图书馆CIP数据核字（2019）第194688号

版权登记号：01-2019-3017

时尚视觉：跟着大师学时装画

[意] 蒂奇亚纳·帕奇 / 编著　景戈芯 / 译

出版发行：**中国青年出版社**
地　　址：北京市东四十二条21号
邮政编码：100708
电　　话：（010）50856188 / 50856189
传　　真：（010）50856111
企　　划：北京中青雄狮数码传媒科技有限公司

责任编辑：张　军
策划编辑：杨佩云
封面设计：北京京版众谊文化有限公司

印　　刷：北京汇瑞嘉合文化发展有限公司
开　　本：889×1194　1/16
印　　张：20
版　　次：2020年4月北京第1版
印　　次：2020年4月第1次印刷
书　　号：ISBN 978-7-5153-5798-0
定　　价：158.00元

本书如有印装质量等问题，请与本社联系
电话:（010）50856188 / 50856189
读者来信: reader@cypmedia.com
如有其他问题请访问我们的网站: www.cypmedia.com

关于时尚

在拉丁语中，技术的定义是：关于艺术的，即技术等同于艺术。拉丁语值得我们学习借鉴，它是逻辑、法律等学科之父。拉丁语古老而独特，是所有浪漫语言的源头，因此书中有很多用拉丁语表达的短语和赠言。在拉丁语中，"造型"的定义是habitus。提到这点，我不得不说，这本书是作者多年研究、实践、不断完善教学方法和绘图技术的结晶。艺术的基础是了解、探索、理解和练习，蒂齐亚纳·帕奇在这本书中将教会我们这些技巧。Il modus ad aspectum是第一本讲"时尚造型和技巧"的书，由蒂齐亚纳·帕奇所著，出版于1996年。除此之外，该书还是有史以来第一本结合了实践性和教育性来研究时尚绘画的作品。毫无疑问，历史总是最好的见证。帕奇与伊丽莎白·德鲁迪的这部合著作品，被后来无数作者引用。伊丽莎白·德鲁迪是她的学生，也是第一个与她合作出书的学生。2009年，帕奇和德鲁迪再次合作，出版了《男士时装图案》一书。

本书绘图精致华美，并附有相关练习，通过反复练习可增强理解，掌握技巧。本书章节设置环环相扣，目的在于打好扎实的基础。在认识到电脑实用性的同时，作者仍努力提高手绘能力。她深信，我们应该通过不断练习从而提高自己的手绘能力，熟能生巧，达到这种程度后再借助电脑。电脑能更合理高效地利用时间，加快绘画速度，但手绘能力始终是最基本和必需的。艺术家通过手将感情融于纸和画中，因此手绘能力是不可或缺的。毋庸置疑，这并非易事，需要技巧、时间、耐心和坚持练习。介绍时装模特所占的篇幅足以体现作者的重视；对于时装模特的绘制，她坚信，只有付出足够的时间和大量的练习才能获得真正的成果。

作为一名教师，蒂齐亚纳·帕奇热爱生活，热衷于汲取和分享知识。我在她身上发现某种母性光辉：深沉、灵动的母性，还有慈母般的殷切希望。艺术创作的灵感源源不断地涌现，她用手和笔刷让人物跃然于纸上。从这些画中，我们颇能窥见她在时装插画创作上的功底。这样的创作能力，是通过作者在艺术技艺方面的不断努力得来的。也正是因为这种能力，作者能够摸索出独特的绘画技巧，塑造出风格独特的女性形象。作者揭示了技巧和模特间的实质性关系，我们要时刻记住这层关系；同时她又把她的这一发现运用于作品中，使她的插画更具灵气。造物主知道如何分解人类（不等同于解剖），但在她之后，造物主才让我们了解人体的构成规则、维度和比例。一种重要的应用艺术，或多种应用艺术，是必不可少的参考。

本书中虽未直接提及时尚文化，以及如何培养高雅品位，但我们可以从字里行间感悟到其中真谛。如今，在这个行为艺术、语言文化、职业方向和美学思想激烈碰撞的世界，时装造型和技巧的"圣经"或许会是适时的中庸之道。众所周知，不管是什么风格的服装，都需要颜色的配合来表现服装风格。如：高级女士时装、街头风、高级女士成衣、休闲风、波西米亚风、诺顿风、田园风、都市雅痞风、摇滚风、哥特风、暗黑风、颓废风、嬉皮风、高街风、海军风、流行学院风、朋克风、嘻哈风、个性女孩款、滑板风、部落风、独立设计款、民族风、动物印花款、复古风、基本款等。因此，本着科学严谨的教学态度，作者将颜色独立成章来讲。她编写模特这一章节时，既不会轻描淡写不讲重点，也不会过于繁杂长篇累牍，她对铅笔和笔刷运用自如，用整整200页来介绍技巧。在这样严谨认真的态度下，她引入了色彩这一章。对她而言，她对水彩和透明水色有特殊的偏好。水是有灵性的，是灵魂的反思与成长。在这一章中，她讨论了色彩的细微差别和所有可能出现的色彩，以及用各种工具得到这些颜色的方式。她深入研究了色彩价值和心理学，讲述了不同色彩的用法，各种颜色代表的积极或消极的特质及其影响力，以及对模特和观众而言，这些颜色的影响和影响程度。通过引入颜色相关的典故和轶事，研究不同的类型及其偏爱的颜色，帕奇女士深入地介绍、描述和划分了颜色的含义与运用。米歇尔·帕斯图罗曾说过：红，是火焰之红、嗜血之红、爱欲之红、冥府之红；黄，则承载所有污秽与骂名。这只是无数例子中的一个，它们能帮助我们理解，对于一个人而言，颜色的象征意义可以说是无限的，除非他们遇到一位创新、聪慧、多产又细心的艺术家，可以列举出所有象征意义，本书做到了。

这本书是作者充满学术热情，耗费了大量精力的科学性著作，在关于色彩的研究方面引起了巨大反响，引导并催生了一系列探索。康定斯基和本书作者都认为，色彩一词含义丰富，在文海中闪闪发光，关于色彩的研究仍然值得大量探索。本书用40页介绍了工具及其用法、颜色的个性、色彩疗法和色彩的重要性；用50页介绍了人类形体，用200页致力讲解插画技巧。学习技法和形体是为上手插画、时装速写和时装画做准备，这部分仅限时装领域。这本书是作者30多年来探索所得，写得深入浅出，易于理解。对于想走服装设计专业道路的人（以及想学服装设计的初学者）来说，这本书是很好的教材，反响很不错。我还想引用一句关于颜色的话送给作者，纪伯伦说："我要用颜色沐浴我的灵魂"（《亲爱的先知》——纪伯伦与玛丽·哈斯克尔的情书，1972年）。

这本书不是一本技术手册，它是行业顶尖、甚至是里程碑式的著作，其理论和实践的结合肯定会引起相关专业及其他领域的更新迭代。我承认，作为一个仍然相信"贝拉·帕罗拉"的社会学家，我甚至发现作者在讲解造型和技巧及其用法，以及解释她理解的美学构成时都充满了诗意。只有掌握技术与美学，才能设计出最合体的服装。这样看来，穿衣服更像是一种仪式。我在思考女性和女性造型，我想用拉丁语中再说一遍，因为拉丁语是最真实的语言："quod proprium est feminei sexus"，——这就是女性化。身体、心跳和思想的宝箱，与最得体、最适合、最优雅的着装相遇，时尚才能更好地代表这个时代。事实上，时尚影响广泛，因为它与历史和人类的发展息息相关。

有人总结说，伦理值得赞美。美学是伦理的女儿，我们回想起哲学和全球通史中的伟人，是因为我们受到美学的影响。我想说，能将以上所有能力精炼成练习和严谨准确的应用，这种专业精神更值得我们赞扬。

安东内拉·帕加诺

内容简介

本书针对的是有一定基础，想学习更多技能，志在从事时装设计、插画设计或视觉传达设计等职业的人群。

本书对于插画爱好者和想提高自己的绘画技巧，增强绘画表现力的人来说也很有帮助，提高绘画能力需要协调以下三个基础要素：

－时装模特的形体和最佳造型；

－色彩理论分析及其在时装中的应用；

－基本的艺术技巧。这部分主要介绍一些提高上色速度和设计领域常用的工具。

我将常见问题总结后放在本书最后一部分，以便最后深化理解前面所学的内容。

第一个模块展示了一系列不同视角下的造型设计，除了适用于设计具有强烈视觉效果的时尚人物，也适用于多种女性形象绘画练习，还适用于用新时装模特来丰富练习。每个模特，都有未着衣形体展示图，并从解剖学细节、平面及图画清晰度仔细进行分析。速写模特图中，用不同颜色的线条标出了大部分服装细节集中的身体部位，前中心线、后中心线、缝褶线和侧臀线都需要注意，因为身体产生动态时，这些地方的比例会发生变化，从而在某种程度上影响之后的视图。

虽然吸引力很重要，但人物造型不应过于带有个人风格，这样便于调整。一般来说，比例、面部特征、发型和鞋都是可以调整的。

第二个模块介绍颜色的物理特性规律及其在时尚中的应用。本章最后有一个详细的图表，包含40种颜色，通过将原色与原色或无色相混合，变成完全不同的色调。色彩理论和实践的知识使人们有可能深入研究自然本身，探索可能性，发现它的神秘之处及其引起的感官效果。还需注意的是，时尚史与色彩史（包括所有色彩和色调）的发展相吻合。实际上，色彩的变化使时代风格更鲜明。

第三、第四和第五个模块拓展了名为"时装设计"的部分，类似于业内学校教授的课程，预备部分详述了艺术家可能使用的各种绘画技巧。

本书最后一个模块留给了风格研究中常用的绘画技巧。这部分涵盖了专业马克笔的介绍和马克笔的使用，尽管这些马克笔是为技术绘图而设计的，但由于其实用性和色彩多样性，自20世纪80年代以来已经有了更广泛的用途。这部分介绍的内容是可以在很多地方广泛应用的。一旦学会就能用于所有能用的地方：比如表示不同种类的材质，从皮革到闪亮的珠宝，从闪光面料到普通棉布，甚至更多。唯一的限制就是你的想象力，你永远不知道混合某些东西之后你会得到什么。

这本书包含了大量主题和实例，因此需要花费大量的时间、精力和耐心来阅读。不管是走艺术还是职业的道路，我希望它都能成为那些喜欢"弄脏手"的青年，那些想要提高技术、学习设计和关键技巧的青年，成为他们学习之路上的忠实旅伴。当他们的能力达到一定程度时，艺术软件将成为他们的第二只右手，进一步提升他们的艺术表现力。

我希望新老艺术家都能从这本书中获益。就像我也希望更多好奇的"冒险家们"能发现这一艺术或艺术的其他分支。在这个分支中人类与自然和谐共存。

蒂奇亚纳·帕奇

ULE

01 造型

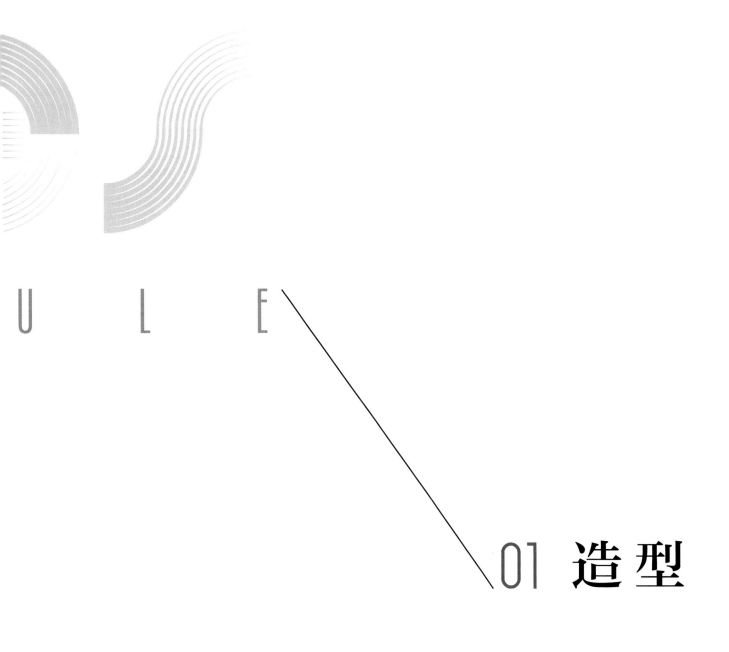

人体模特和身体几何形状

在动手绘画之前，
先花点时间"看"并"理解"。
然后你就能自然而然开始创作。

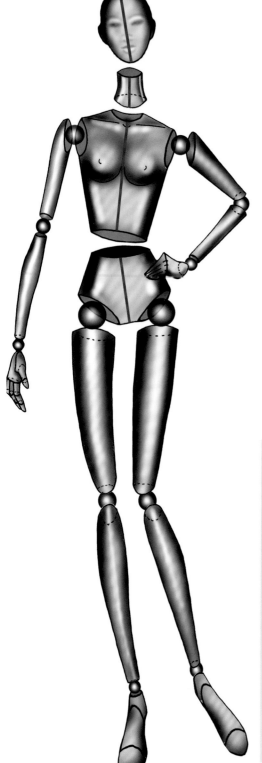

伟大的后印象派艺术家塞尚认为，绘画有两个要素：眼睛和大脑，且二者需要结合。他还补充道，我们看到的一切物体都可以简化为三种基本的立体几何形状：

圆锥体、圆柱体和球形。

这两句话虽简单，但却是适用于所有艺术的真理。因此，我们大可以将其付诸实践，在表现女性身体时牢记这两点。人体可以看作是一组三维几何形状的集合，每个部分都能看作是塞尚所提出的三种几何形状。

集中注意力，我们先学会（用眼睛）"看"身体的各个面和体态，然后学着（用大脑）"理解"，如此多的不同居然可以结合形成如此和谐、完美的整体。

学习绘制人体需要对人体结构有一定程度的了解，这就是我们先引入简化的原因。把人体构造视为机器人的各个部件组成，是了解人体真实构造和解剖结构的有效方法。本页左图展示的是身体各个部分的构成及其几何形状，右图展示的是结构的极简形式。最终可以得到固定的人体模型图：头部像一个鸡蛋，胸部和骨盆是两个扁平锥体，上肢和下肢呈圆柱体，并由球形关节和躯体相连。

仔细观察每个结构的主体形状，观察这部分与其他部分乃至整体的关系后再进行临摹，临摹时要用大脑观察思考，而不是只靠眼睛看和手来画。你要对各个结构非常熟悉，熟悉到凭记忆就能把这些部分画出来。达到这个程度后你就可以继续后面内容的学习，同时不要忘了继续练习。

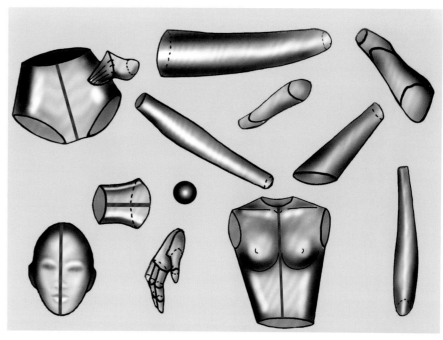

人体静态（正面图）

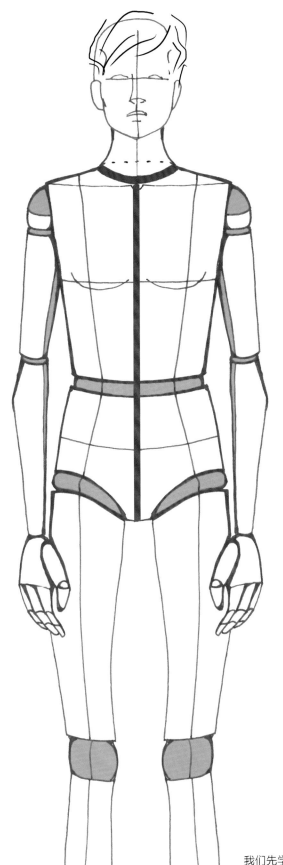

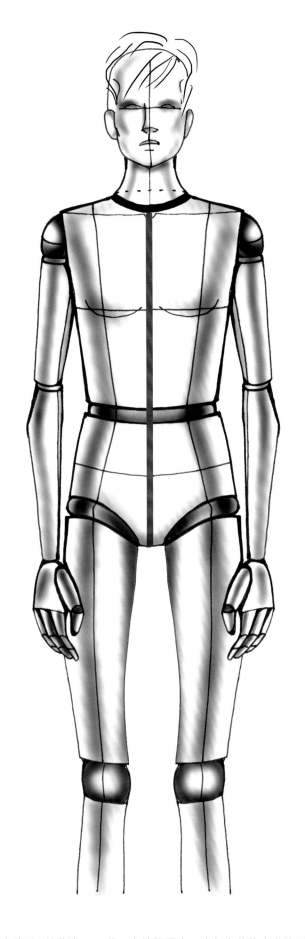

我们先学习一些简单的静态造型，这些造型结构简洁明了，模仿难度小。红线是"中心线"，用来显示躯干和骨盆的动态变化。在这幅图中，它与身体的中心线重合。其他把人体划分为垂直和水平部分的线条是服装设计中的接缝处和印花处。

人体静态（3/4视图）

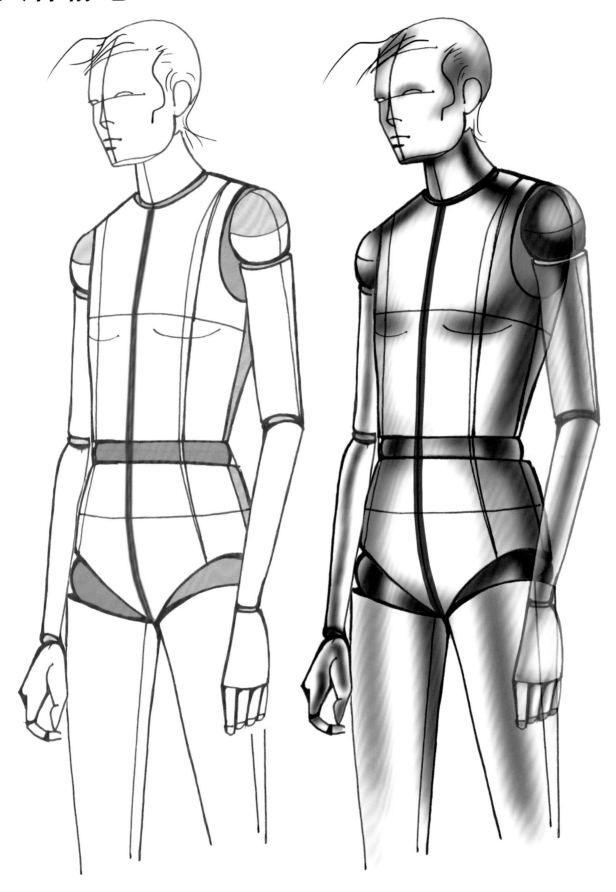

人体动态

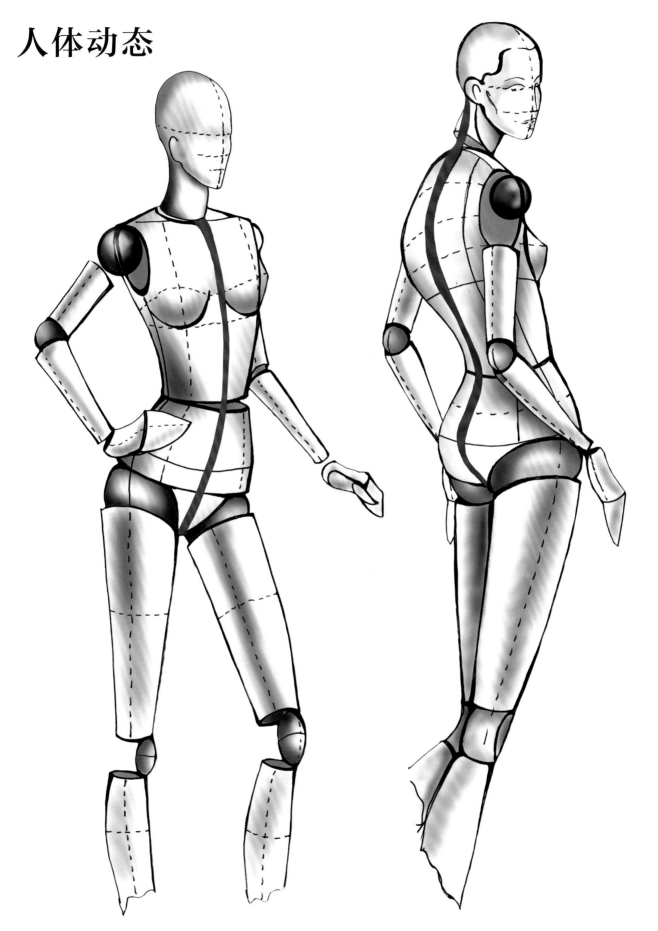

动态研究的是人体各个结构在不同姿势中的动态规律。虽然动态中的结构和视角变化更加复杂，但如果你之前进行了充分练习，那么临摹也会很轻松。要时刻劳记的是，学习有三到：心到、眼到、手到。

人体的八个部分

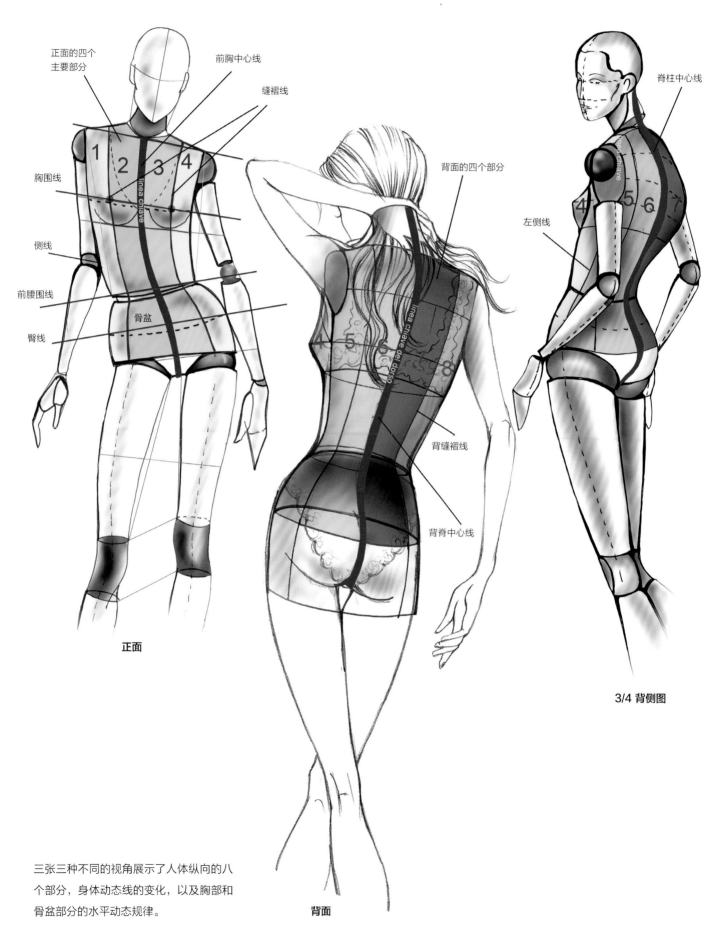

正面的四个主要部分

前胸中心线

缝褶线

1 2 3 4

linea chiave

胸围线

侧线

前腰围线

骨盆

臀线

正面

背面的四个部分

4 5 6 7 8

linea chiave del dorso

背缝褶线

背脊中心线

背面

脊柱中心线

4 5 6 7

左侧线

linea chiave

3/4 背侧图

三张三种不同的视角展示了人体纵向的八个部分，身体动态线的变化，以及胸部和骨盆部分的水平动态规律。

人台模特的五视图

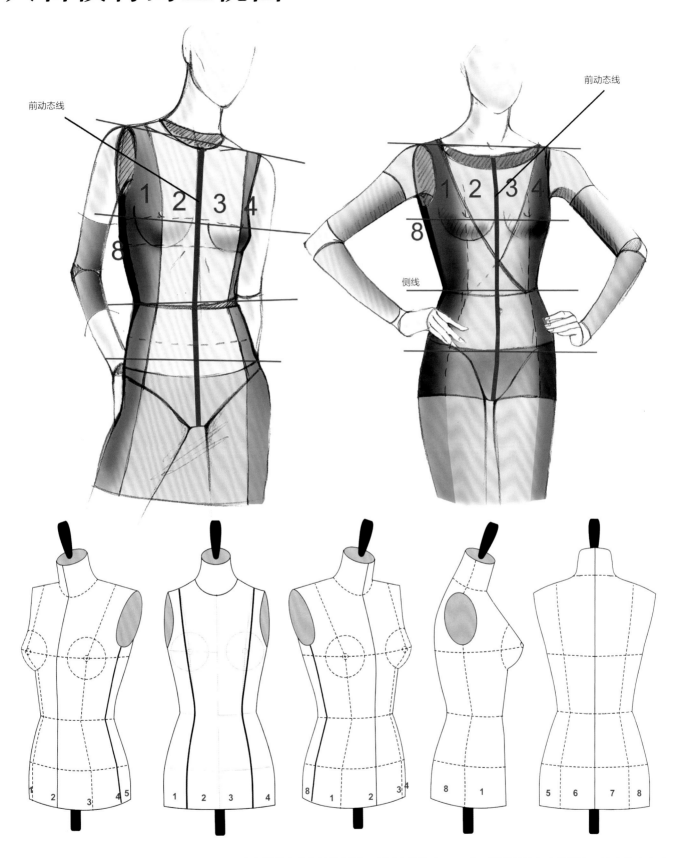

前动态线

前动态线

8

8

侧线

1 2 3 4

1 2 3 4

人台模特和人体结构相同，不过它是静态的，适用于平面图中表现服装效果。平面图可呈现服装的大致效果，包括前动态线和后动态线等所有线条。

在时装模特的各个造型中，当身体产生动态时，这些线条会随之变化。掌握动态规律就可以你正确绘制出任意造型的服装。

模特时装造型（3/4正视图）

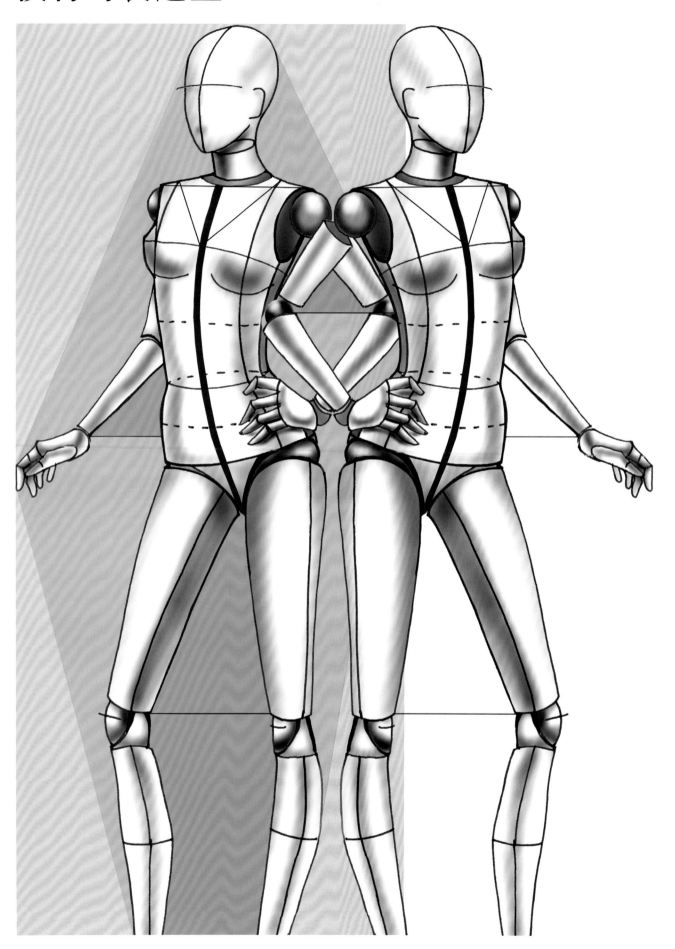

模特从一边扭动身体

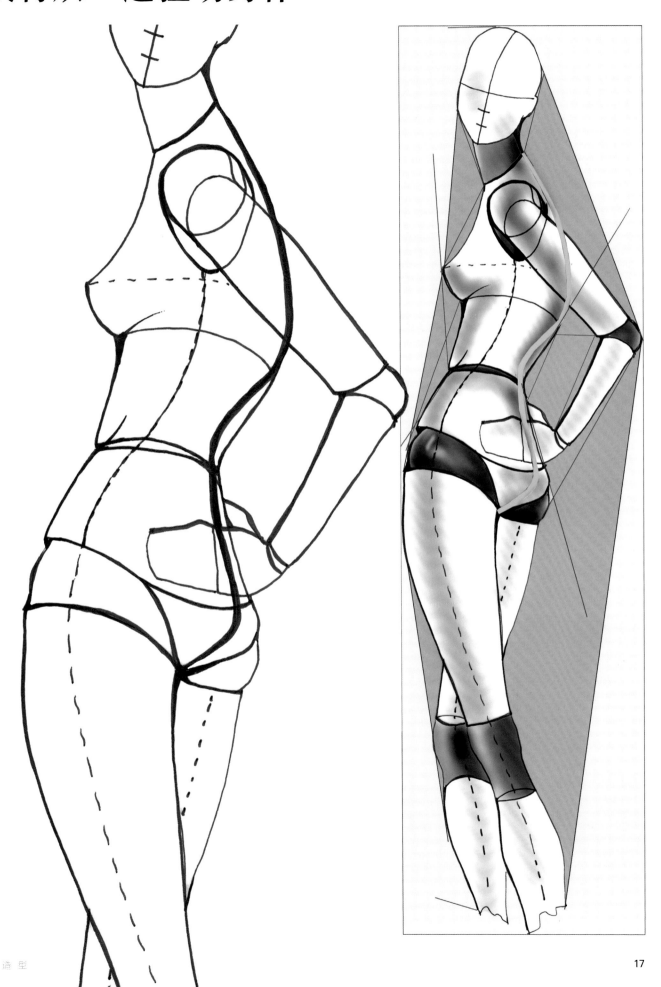

镜像人体模特曲膝、沉腰、挺胸

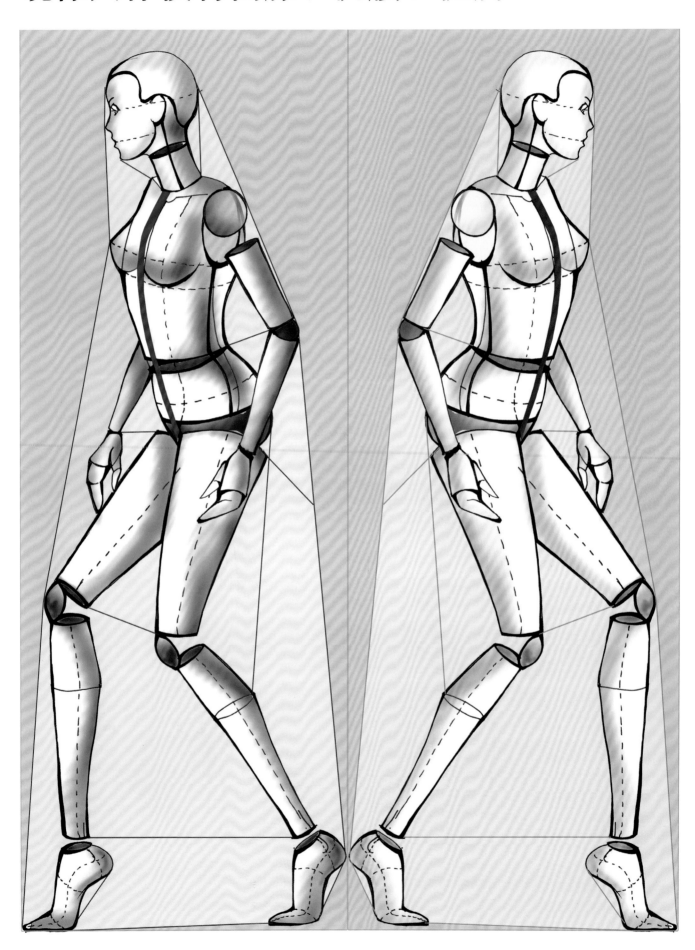

模特时装画速写

高度

前中心线

高线

图中模特展示了所有人体内部动态。
模特挺起胸部，稍稍侧身，肩部打开，向
一侧倾斜，右臂稍稍往后倾斜，右手轻轻
放在胯部。身体重心放在右腿上，左腿稍

稍弯曲。真实的人体只能在表面展现身体
动态，但要准确构图，需要从人体内部理
解动态，领悟各结构的转向变化，以描绘
出更自然的动态。

自然形体及其造型

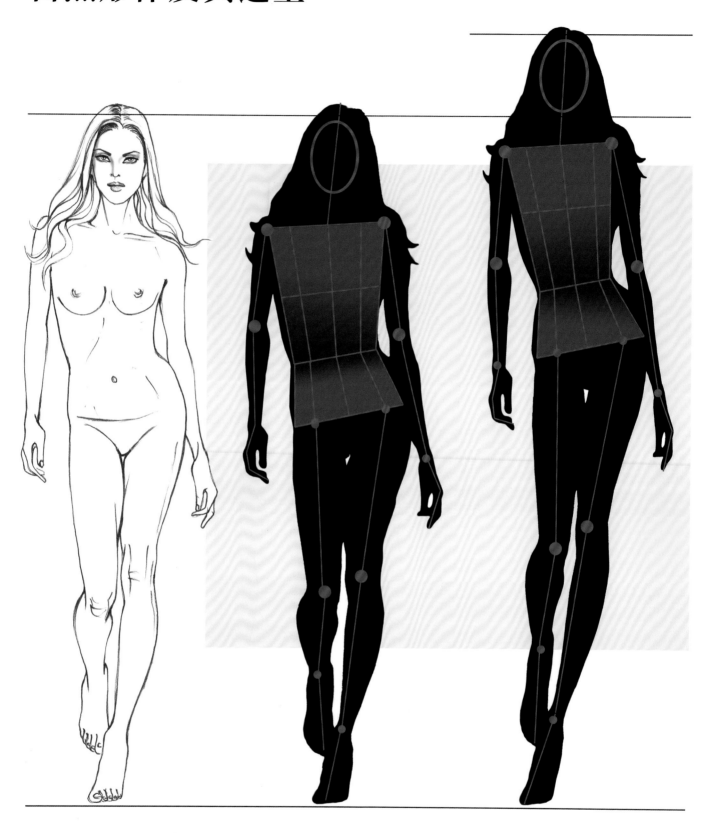

造型需要瘦长的形体，在时装画中往往需
要通过比普通人更长更瘦的形体来表现。
想象中的时装模特高挑、消瘦，但在现实
中，我们只能找到左图中所示的真实模
特：更短，更健壮。事实上，左图是一位

身高1.80米的消瘦模特，可眼睛看到的却
跟想象不同。这就是时装画需要理想化为
更瘦更高形体的原因，为保证比例正常，
通常需要把身高提高至少一到两个头。

九头身的时尚真理

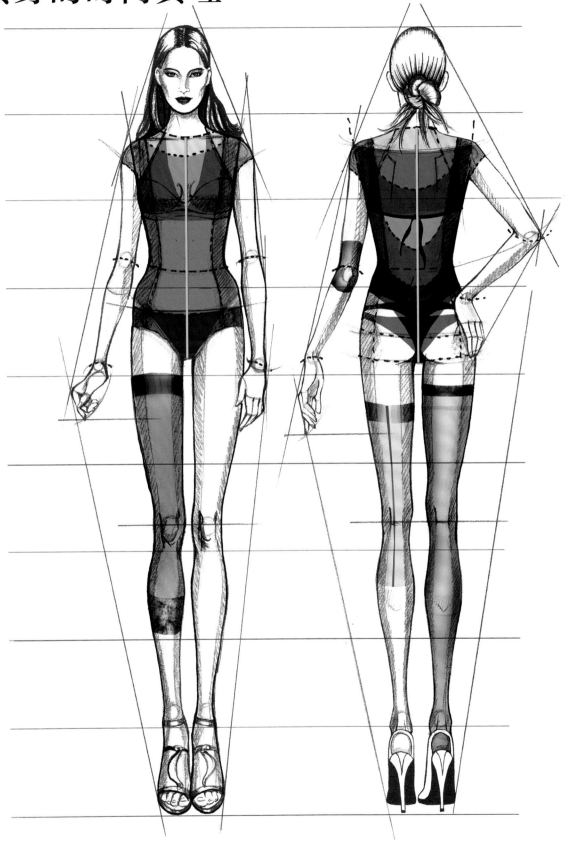

图中所示是同一个模特的正背静态。每个比例中的组织结构都清晰可见。本图与真实人体结构有所不同，变化最大的是手臂和腿部，都增加了一个头的长度。

此外，图中模特胸部稍微拉长，腰部变窄，骨盆相对实际比例缩短。这些模特身着分体式内衣，穿着这种款式的内衣，适用于展示各种类型的衬裙，紧身服装和长袜。

基础造型正视图

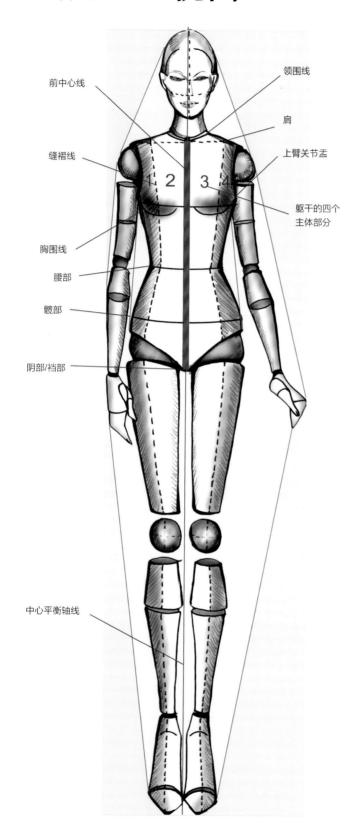

前中心线

领围线

肩

缝褶线

上臂关节盂

2 3 4

躯干的四个主体部分

胸围线

腰部

髋部

阴部/裆部

中心平衡轴线

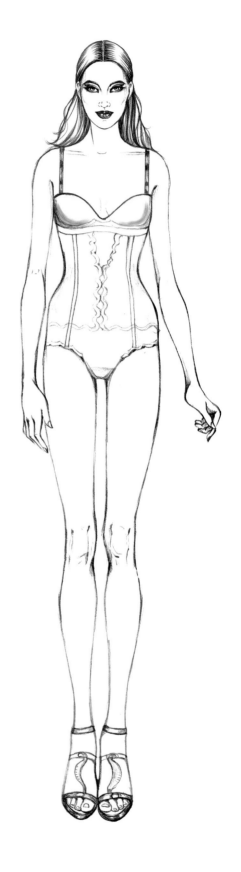

仔细观察图中女性身体的各个部分，注意躯干、固定段、前中心线、四肢的长度，以及模特穿着紧身衣裤时这些部分和线条的变化。现在开始临摹模特图和时装速写。直到能够临摹出来，确保大脑准确记住了基本造型和各个结构，以及其他一些细节。这个过程能帮助我们加深记忆。

伊娃

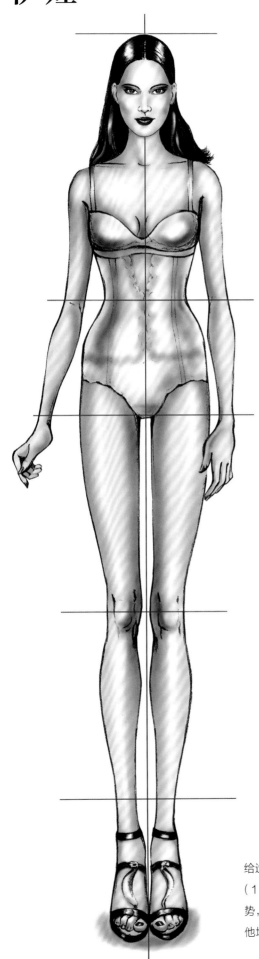

此造型可更好地展示锁骨和颈部线条

给造型命名的原因有两个：

（1）时装速写画的不仅仅是一个简单的姿势，而是令人振奋的灵感女神，是住在其他地方的现实世界的女人，只是偶然进入到我们的画中，让我们为她穿上新衣服。

（2）给一些特殊造型命名，可以丰富我们的造型组合。

基本造型背视图

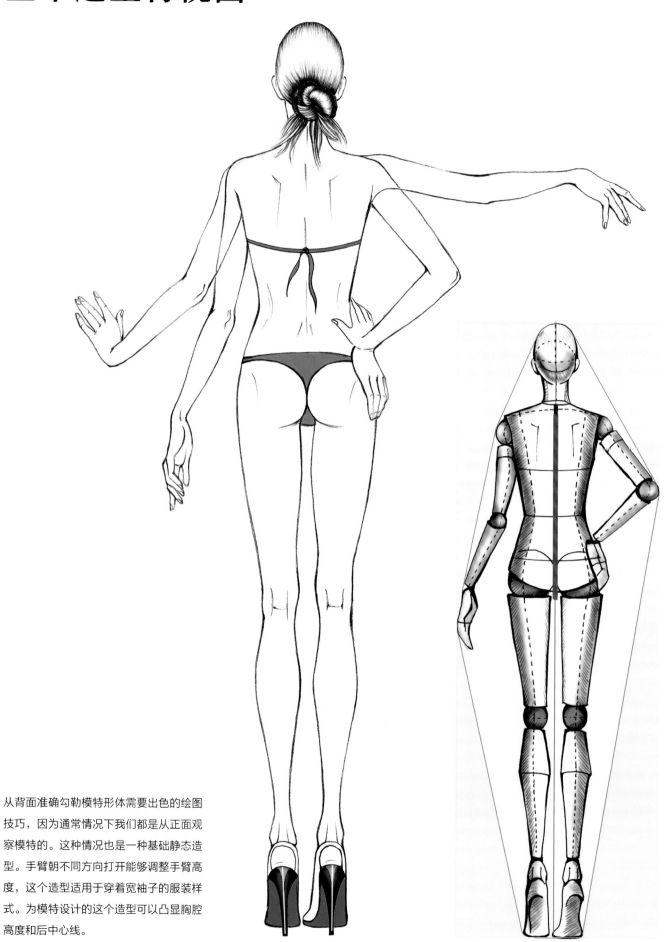

从背面准确勾勒模特形体需要出色的绘图技巧，因为通常情况下我们都是从正面观察模特的。这种情况也是一种基础静态造型。手臂朝不同方向打开能够调整手臂高度，这个造型适用于穿着宽袖子的服装样式。为模特设计的这个造型可以凸显胸腔高度和后中心线。

艾米

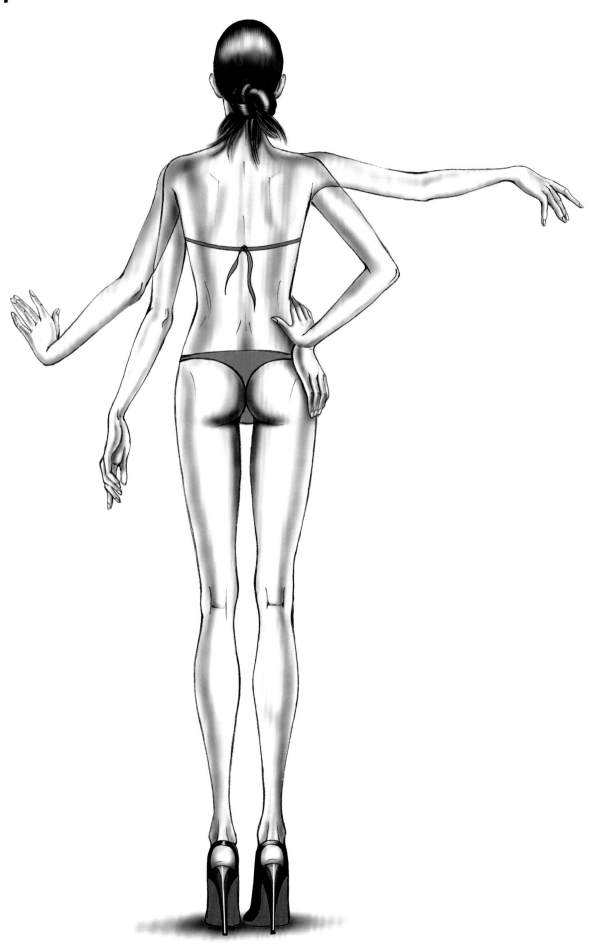

基础造型侧视图

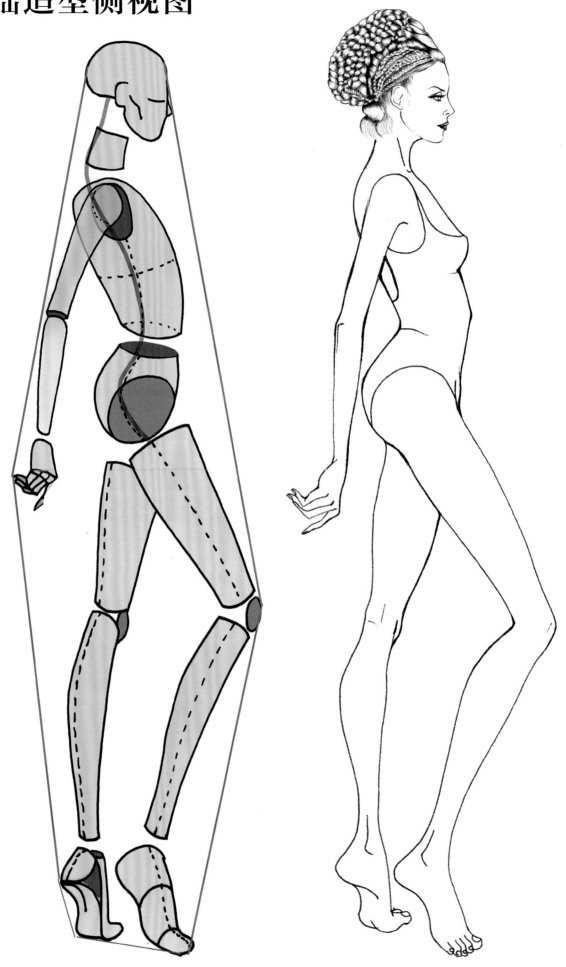

安吉丽娜

头部细节图表现出发型的复杂性

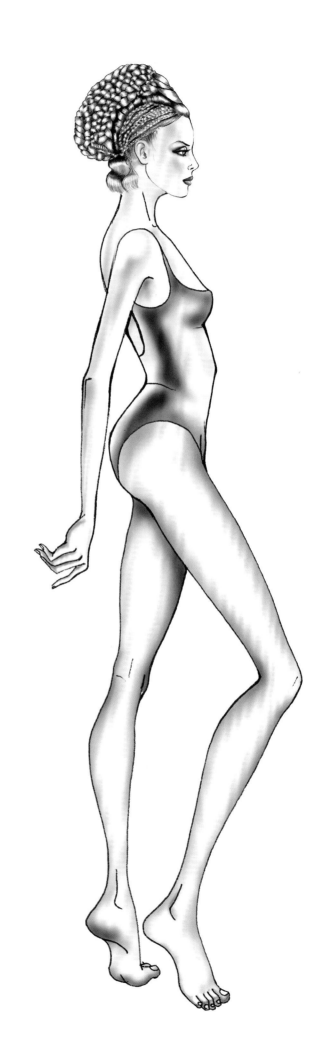

与真人形象相比，这张侧视图中的模特显得更薄，胸部、背拱和圆形臀肌得到了很好的展现。头部细节图非常适于表现各种特殊发型。右侧视图中可以看到身体各个部分，适用于展示服装细节。躯干宽度、腰部及侧面的精确点都用紫色线条表现出来了。

造型组合

时装模特应该具备怎样的特点呢?好的时装模特有以下特征:

- 有足够的视觉冲击力
- 有以下特征:五官有辨识度,肩颈线条自然,自信,迷人,眼神感情丰富或俏皮,表情不夸张,腿细长,手臂轻柔地垂在身体两侧。如果手臂放在其他位置,最好从3/4角度绘制,姿势也可以更具动态,如扭动身体,让服装稍稍起褶子。
- 用不同的造型展示不同的服装,例如,伸出手臂展示宽大独特的袖孔或袖子,或双臂放在两侧,展示长领窝。
- 配合服装表现不同感觉:根据服装展示出保守,自然,放松,性感,大胆,挑逗,挑衅或无畏的感觉;
- 通过发型,妆容,鞋靴和配饰增强服装表现力。

显然,应当尽量避免扭曲无力的正面造型,比如像乌龟一样缩着头,脖子掉到肩膀下方,手臂下垂笨拙僵硬。另外,造型不宜太僵硬或太夸张,要观察到身体的每个角度,每个细节。最重要的是,要记住你画的不是一幅时装插画。时装插图中,是否完整表现服装并不重要,重要的是品牌的推广。这个造型组合中的模特可以用于展示完整服装,也可用于展示部分服装。这些都是模特走T台或亮相时的常用造型。这些比例标准的造型,有利于了解女性造型,也是很好的练习素材。

在绘画时,我们不强求将所有模特都画成九头身;我们应该根据参考模特,尽可能如实绘制,然后再根据服装进行调整。

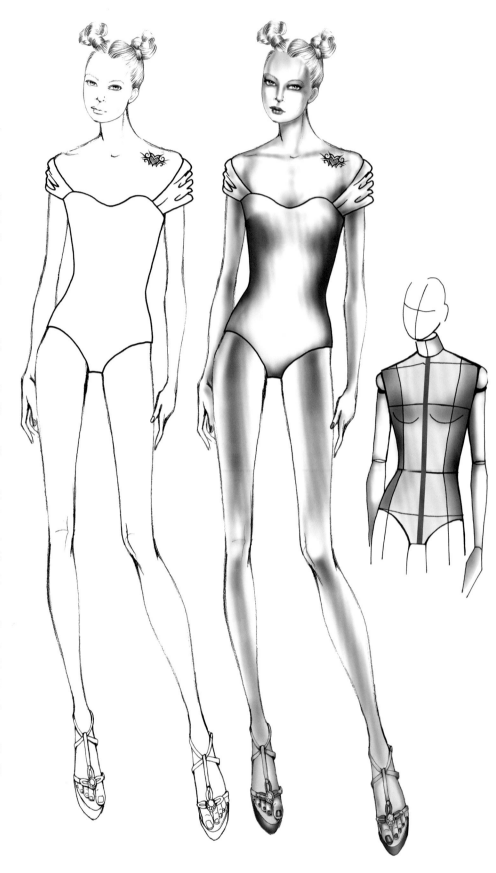

造型——城市丛林

在所有造型中，只有卢纳的穿着是用来示范的。基本造型从迷人的卢纳变成诱惑的、激进的卢纳，通过动物印花、朋克发型、穿孔、铆钉和链条诠释出都市丛林的外观，完美符合品牌推出新系列要求的形象。此图的服装是由设计师伊丽莎白·德鲁迪设计的。

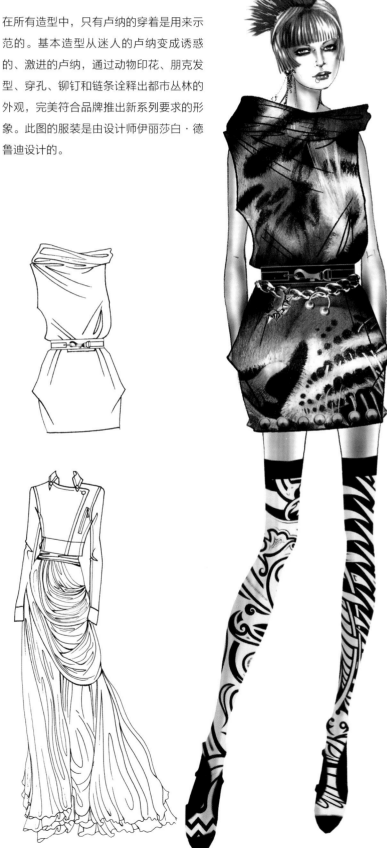

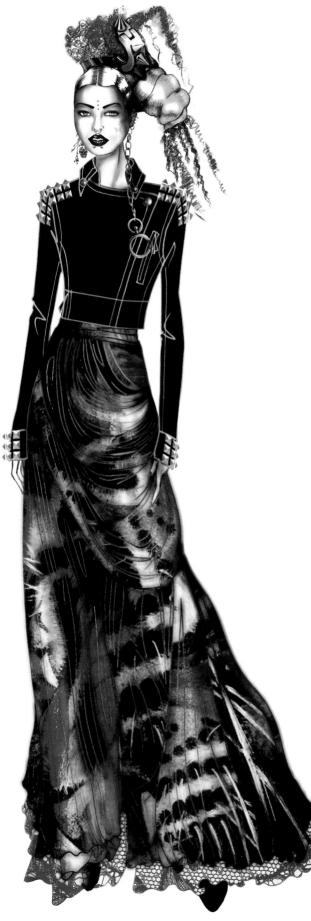

背视图

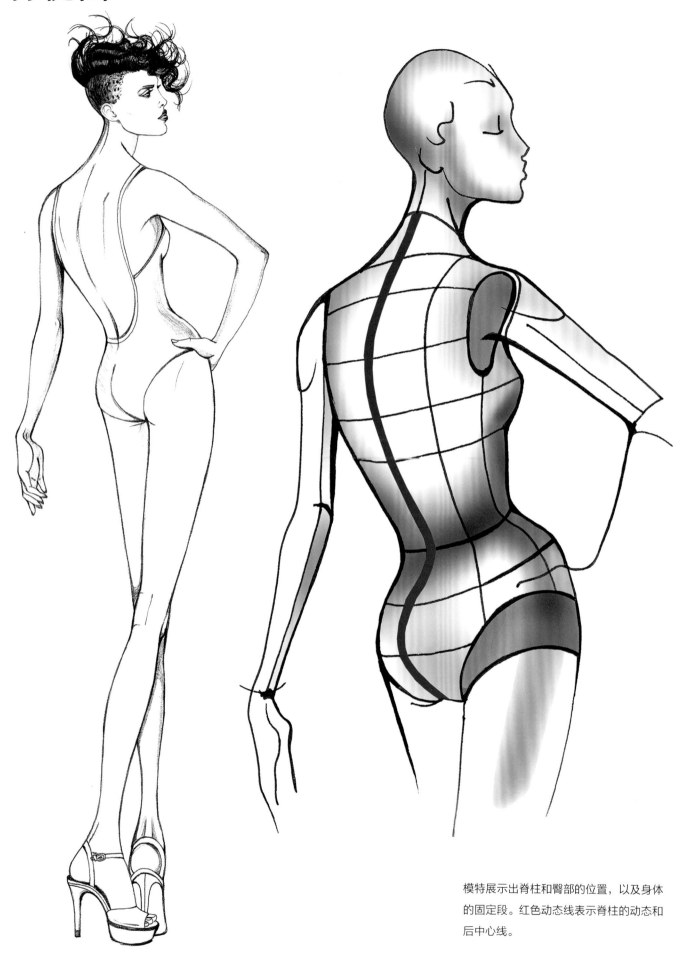

模特展示出脊柱和臀部的位置，以及身体
的固定段。红色动态线表示脊柱的动态和
后中心线。

布兰奇

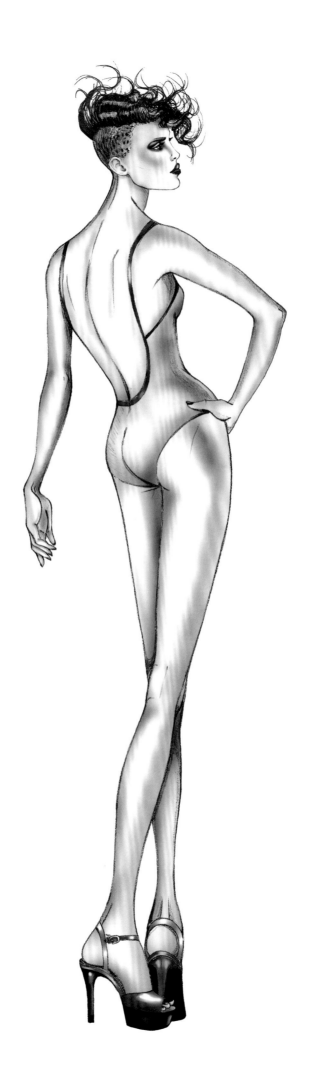

阿曼达

32

布伦达

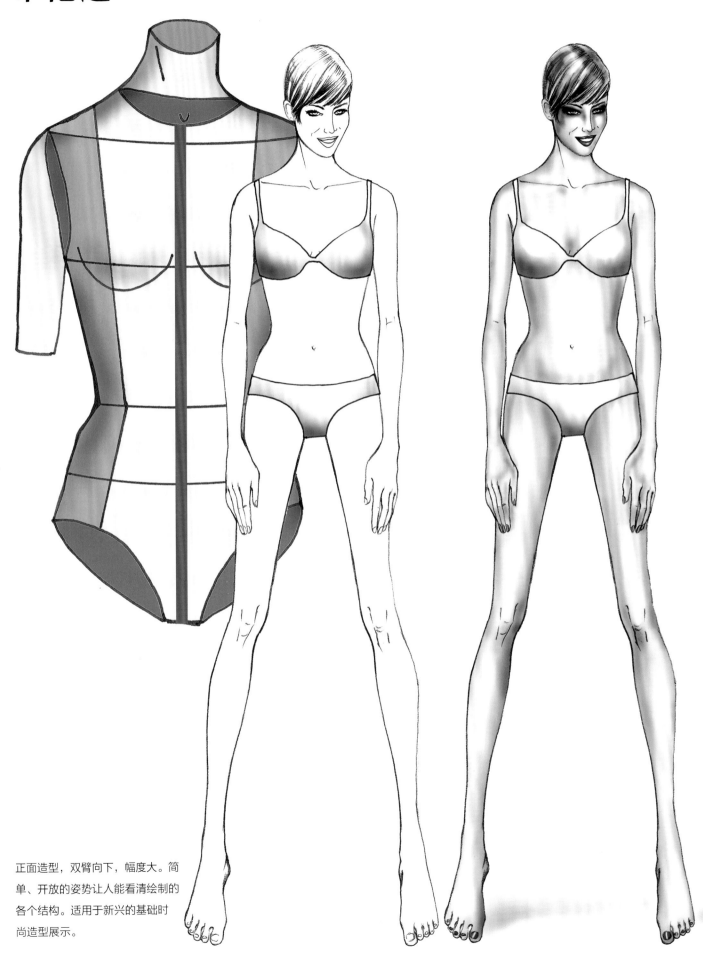

正面造型，双臂向下，幅度大。简
单、开放的姿势让人能看清绘制的
各个结构。适用于新兴的基础时
尚造型展示。

伊迪丝

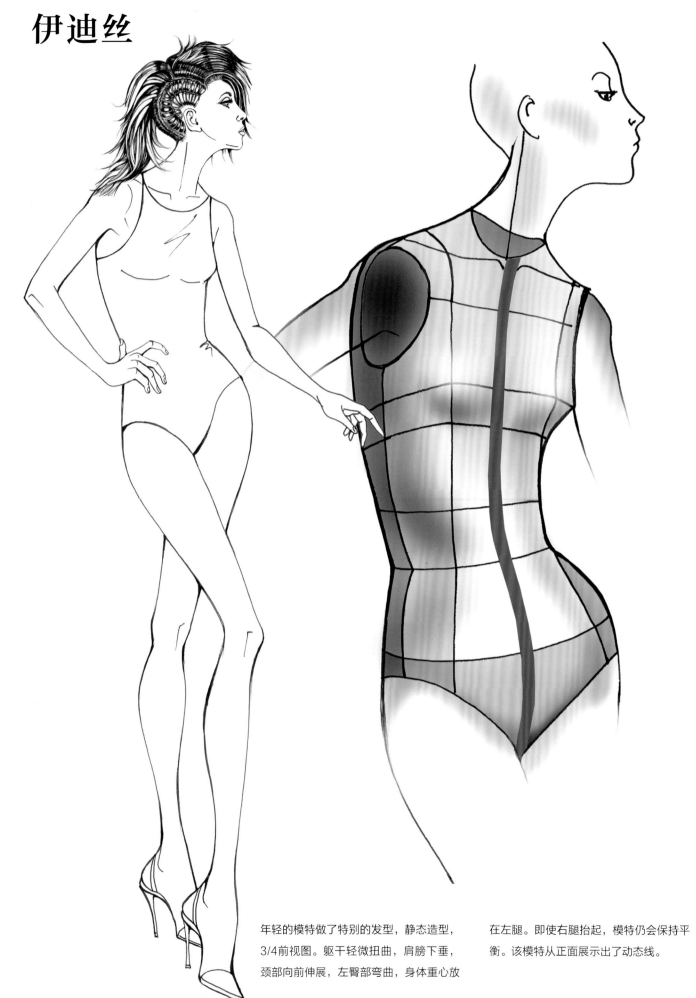

年轻的模特做了特别的发型,静态造型,3/4前视图。躯干轻微扭曲,肩膀下垂,颈部向前伸展,左臀部弯曲,身体重心放在左腿。即使右腿抬起,模特仍会保持平衡。该模特从正面展示出了动态线。

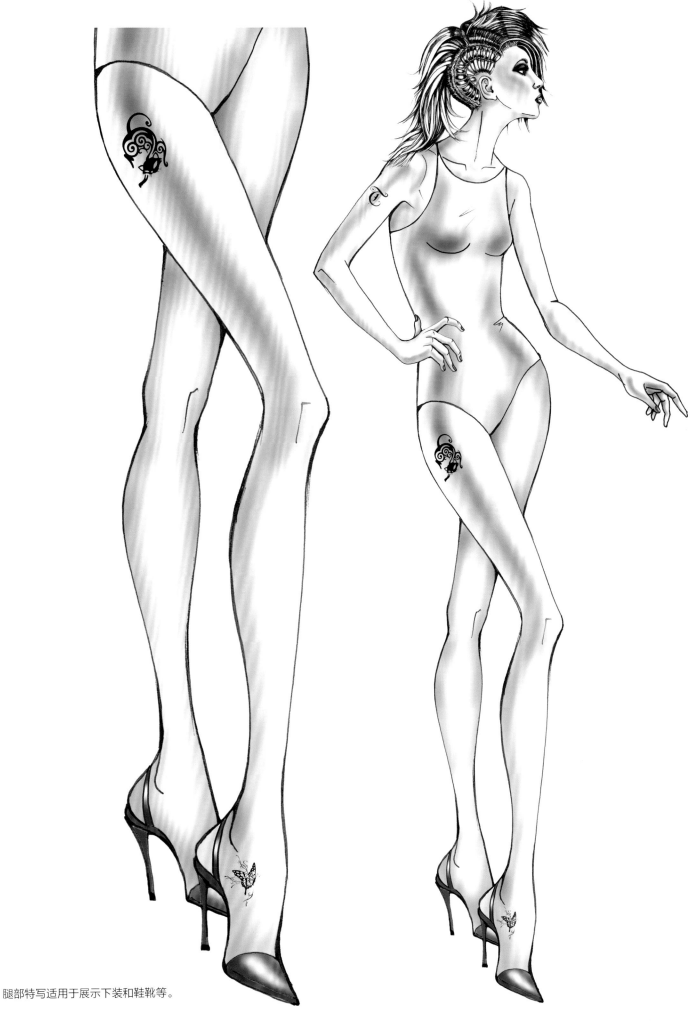

腿部特写适用于展示下装和鞋靴等。

埃莉奥诺

年轻的造型，背视图。模特左肩前移，轻
微转动。右肩伸展放低，张力很大。手臂
弯曲，向外打开，手放在臀部。人体模型
上的红色动态线突出了主体固定段和脊柱
的运动方向。

安

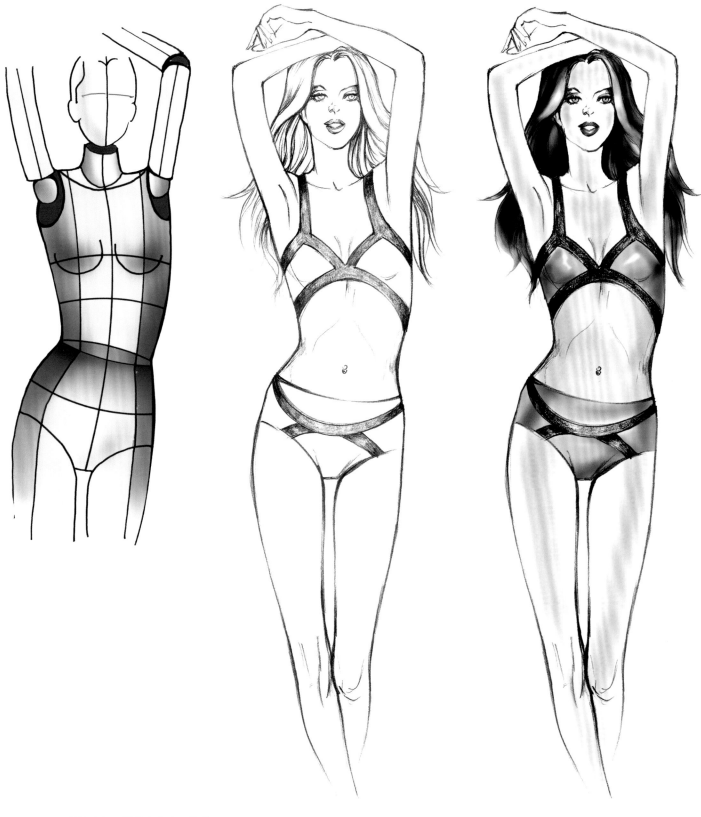

正面造型。模特举起双臂放在头上，胸腔
完全打开。右腿伸直，左腿弯曲，膝盖向
下略微靠后。

摄影特写镜头

这些模特的特写画面适于展示服装和珠宝的
细节。

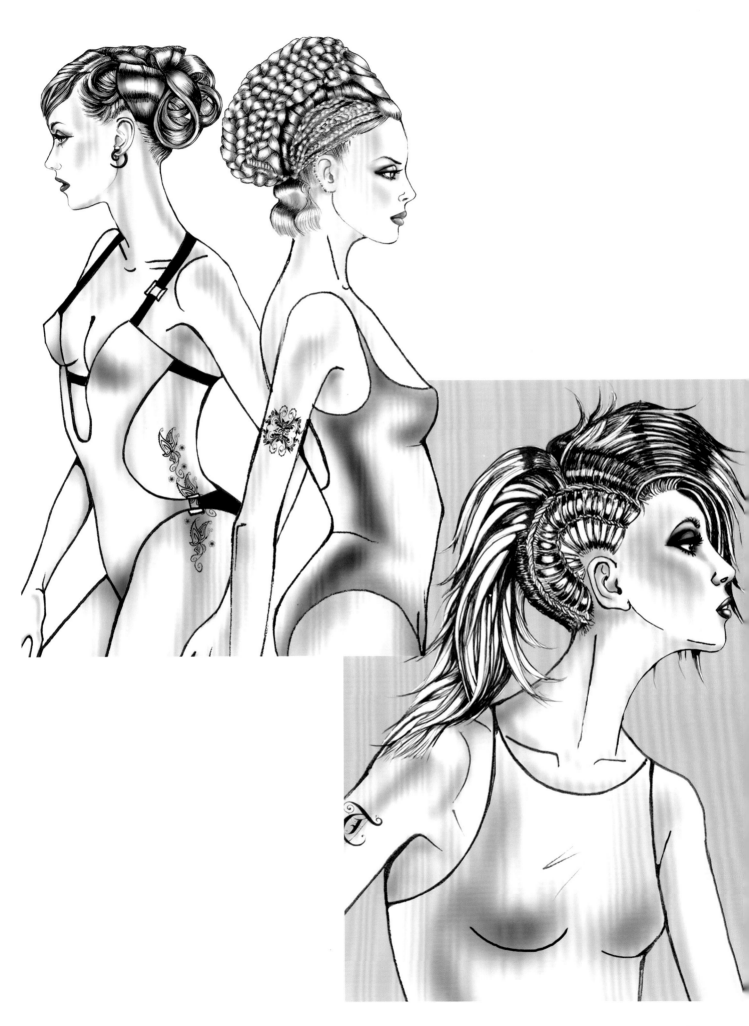

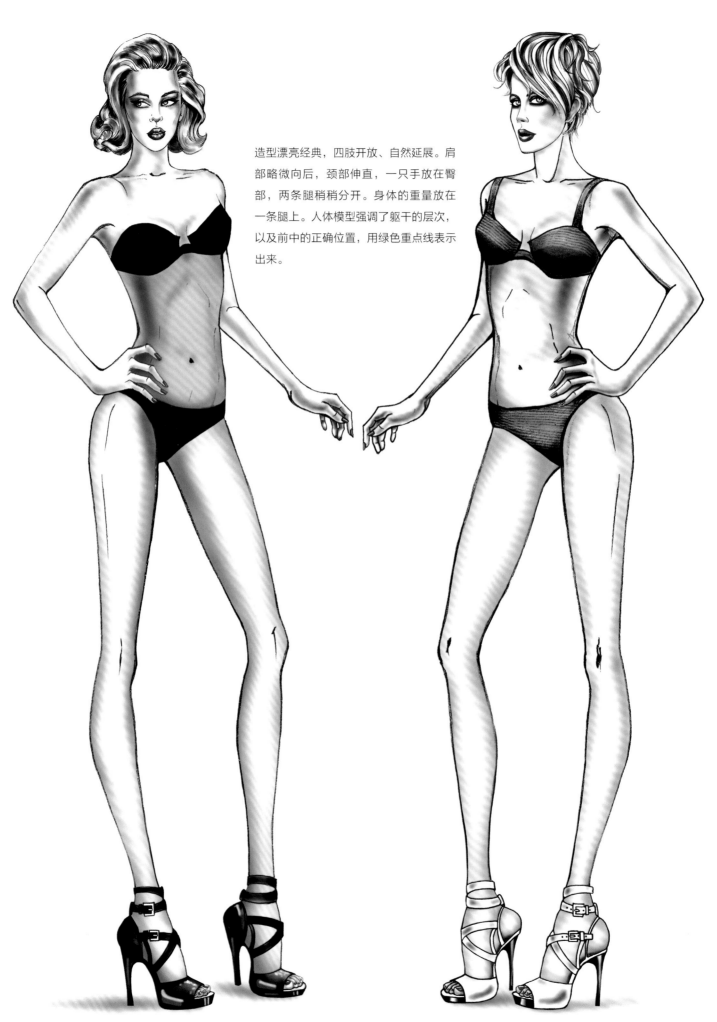

造型漂亮经典，四肢开放、自然延展。肩部略微向后，颈部伸直，一只手放在臀部，两条腿稍稍分开。身体的重量放在一条腿上。人体模型强调了躯干的层次，以及前中的正确位置，用绿色重点线表示出来。

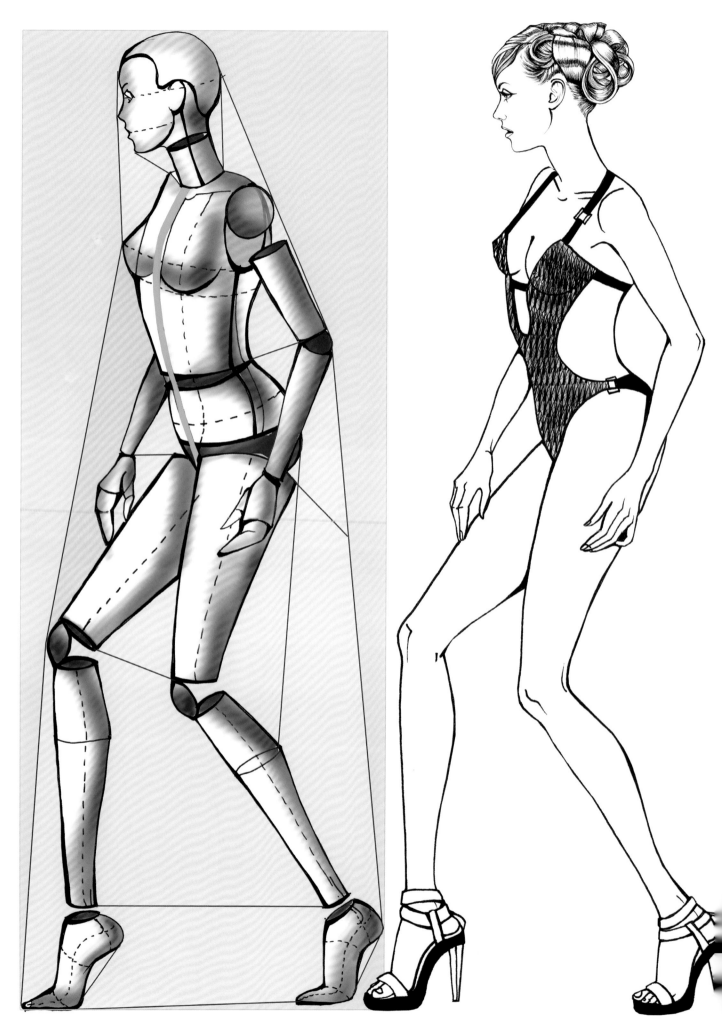

布里奇特

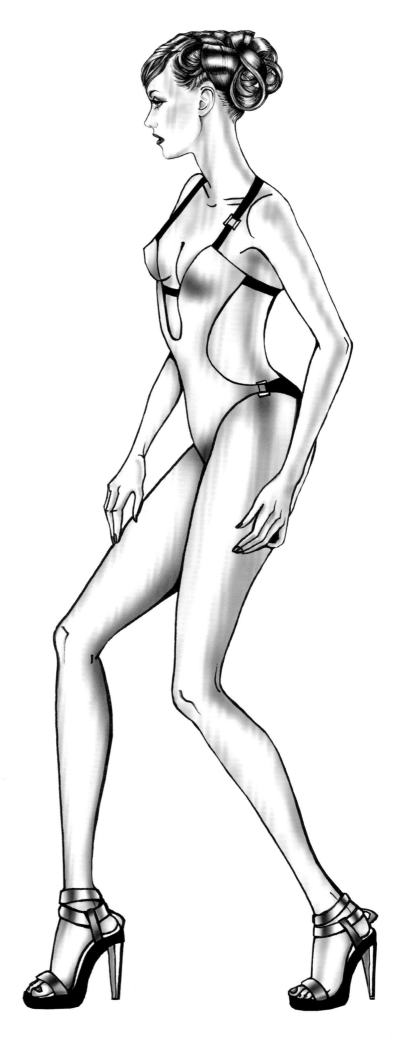

独特的造型，侧视图。模特伸展躯干，双腿弯曲。

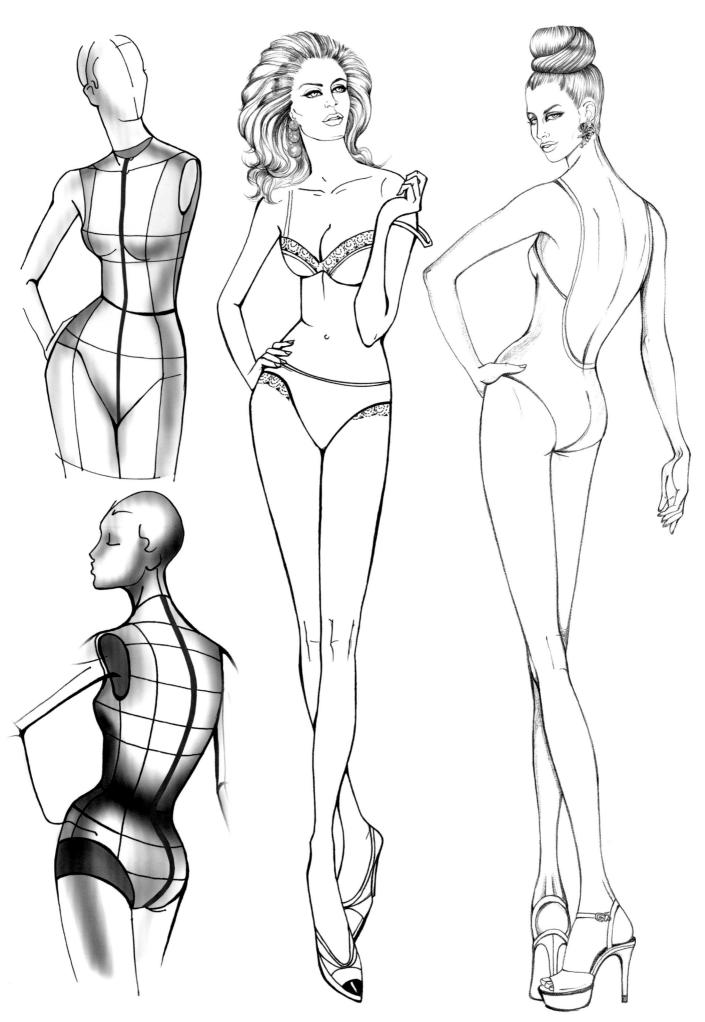

索菲娅和提提

两个优雅的静态造型，正视图和从后往前
转的3/4视图。模特展示了动态线，适用
于绘制优雅的连衣裙和晚礼服。

本页和下一页是同一位模特，但是
她的腿部位置有所不同。这种造型
适合展示女性化的服装。

玛丽莲

适合带大领口和荷叶边裙子的时装速写。
紫色造型说明和展示了前中心线的动态线
和躯干的固定段。

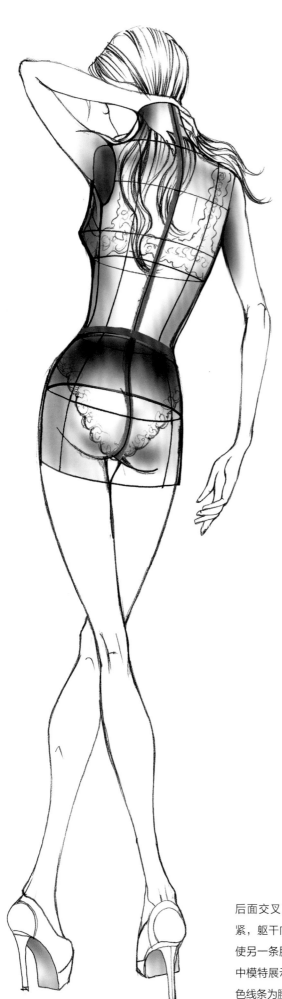
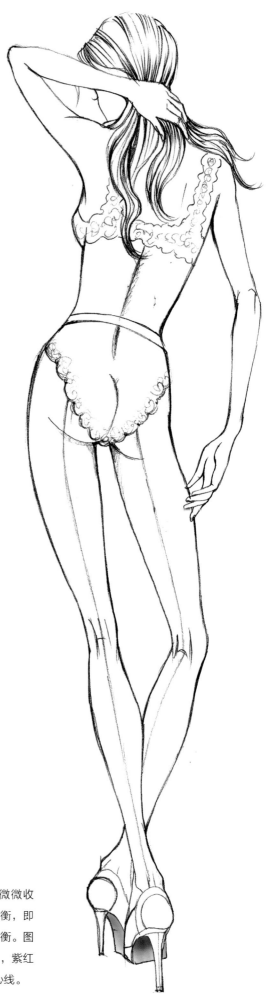

后面交叉双腿的造型。模特右肩微微收紧，躯干向一侧倾斜，左腿保持平衡，即使另一条腿抬起，模特也会保持平衡。图中模特展示了身体的一些主要线条，紫红色线条为腰线，蓝色线条为背部中心线。

萨拉

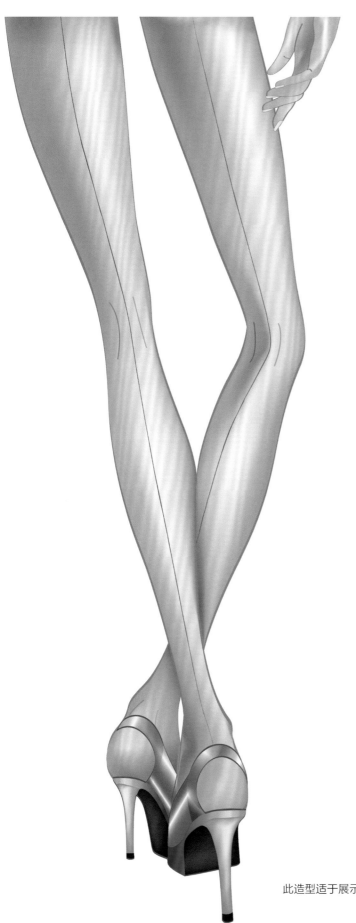

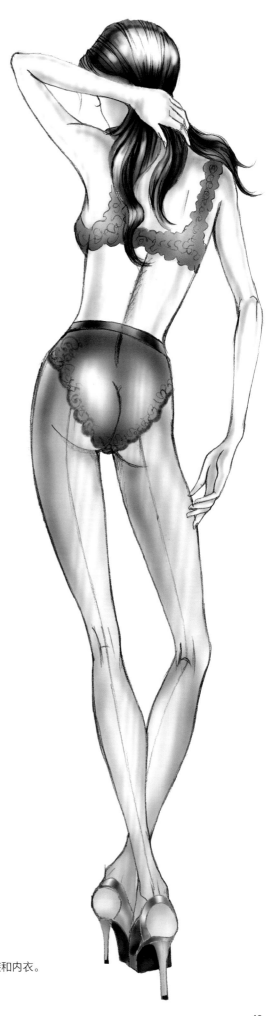

此造型适于展示高级时装和内衣。

卢瓦纳

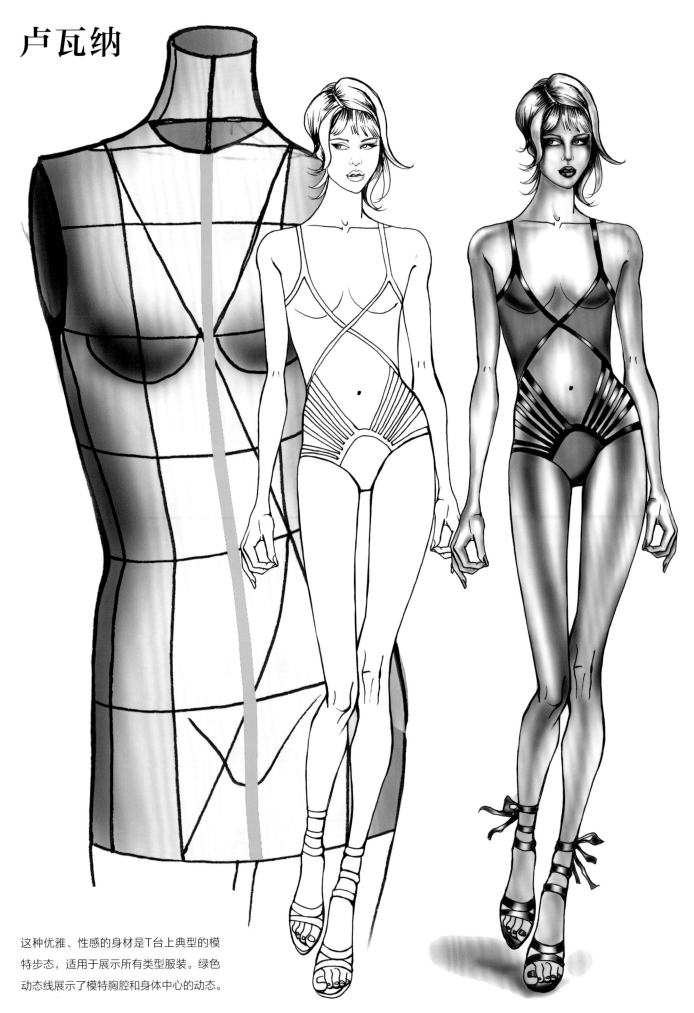

这种优雅、性感的身材是T台上典型的模特步态，适用于展示所有类型服装。绿色动态线展示了模特胸腔和身体中心的动态。

蒂齐亚纳

仰视视角的造型，大胆，表现力强：完全
伸展的肩膀，手臂向外，双手放在臀部，
重心放在身体中心上方。适用于大胆时尚
的裤子或外套。

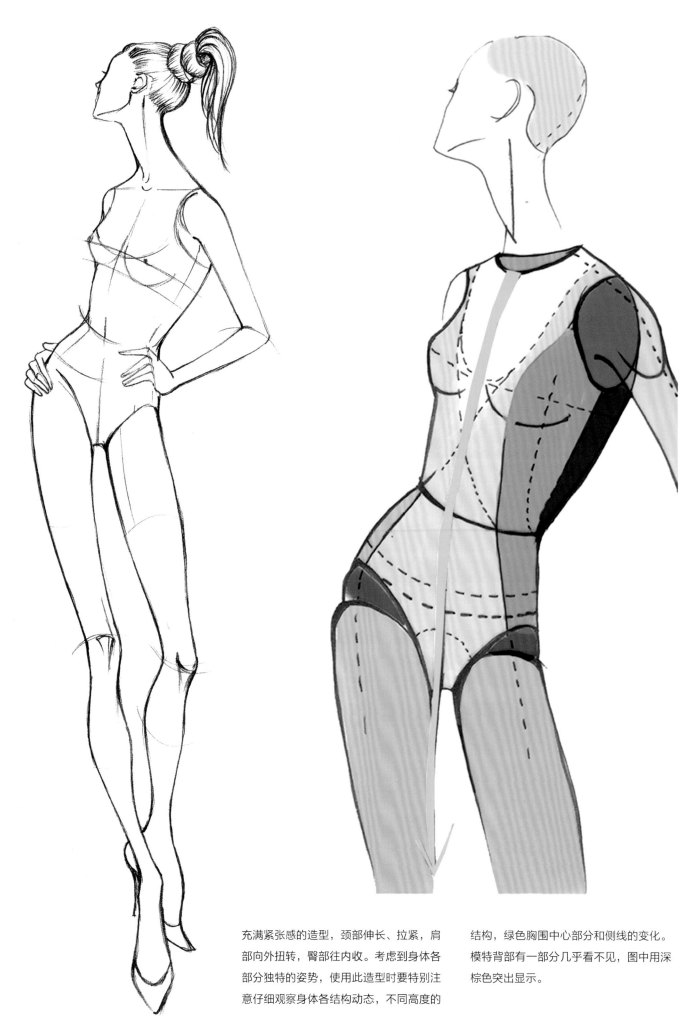

充满紧张感的造型，颈部伸长、拉紧，肩部向外扭转，臀部往内收。考虑到身体各部分独特的姿势，使用此造型时要特别注意仔细观察身体各结构动态，不同高度的结构，绿色胸围中心部分和侧线的变化。模特背部有一部分几乎看不见，图中用深棕色突出显示。

阿尔玛

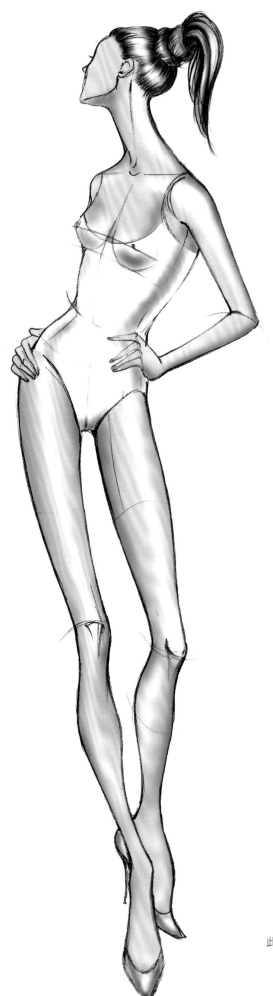

此动态适于展示华丽晚礼服的美丽造型。

埃玛

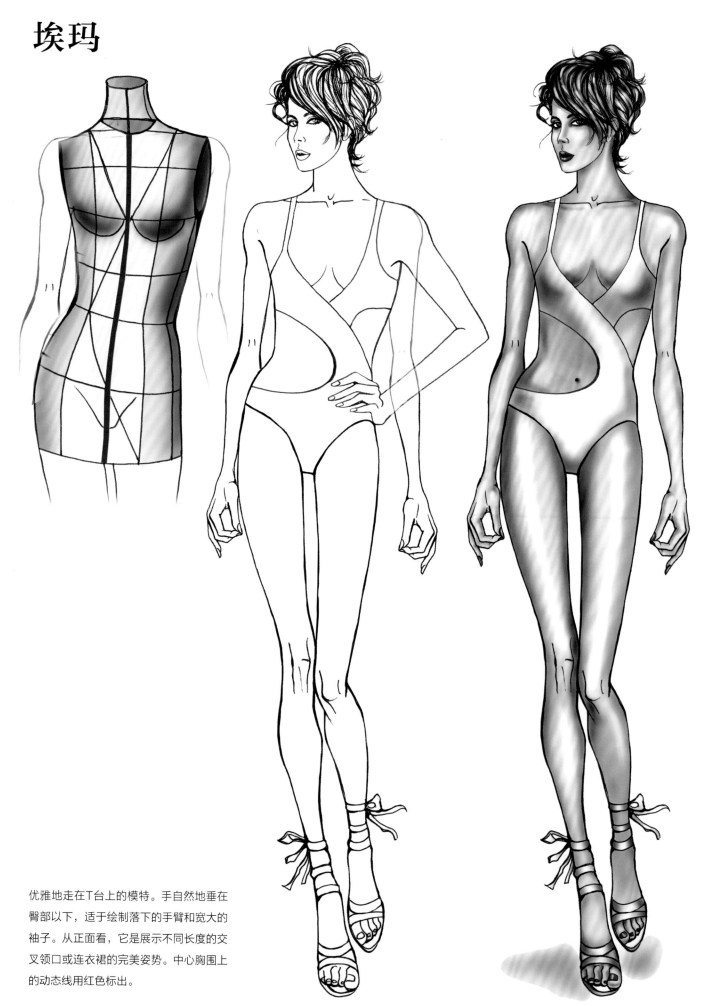

优雅地走在T台上的模特。手自然地垂在
臀部以下，适于绘制落下的手臂和宽大的
袖子。从正面看，它是展示不同长度的交
叉领口或连衣裙的完美姿势。中心胸围上
的动态线用红色标出。

固定造型

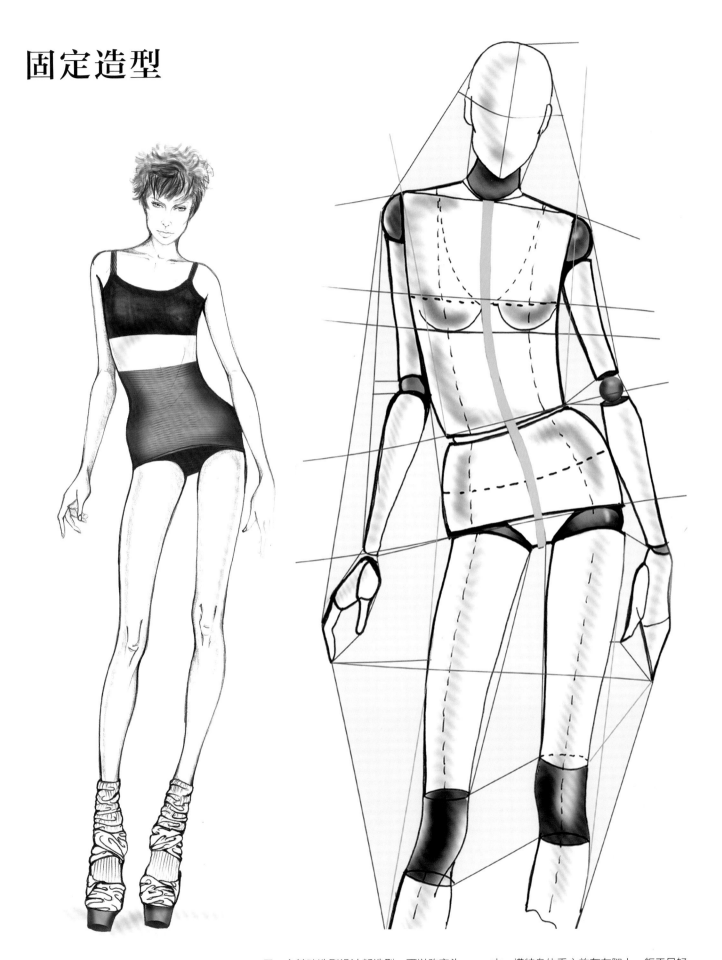

用一个基础造型设计新造型，可以改变头部和四肢的位置或者设计镜像，具体细节我们将在后面的内容中介绍。在这个造型中，模特身体重心放在左腿上，躯干呈轻度S形曲线。在设计阶段请务必按照绿色动态线和躯干的所有结构进行绘制。

3/4固定造型

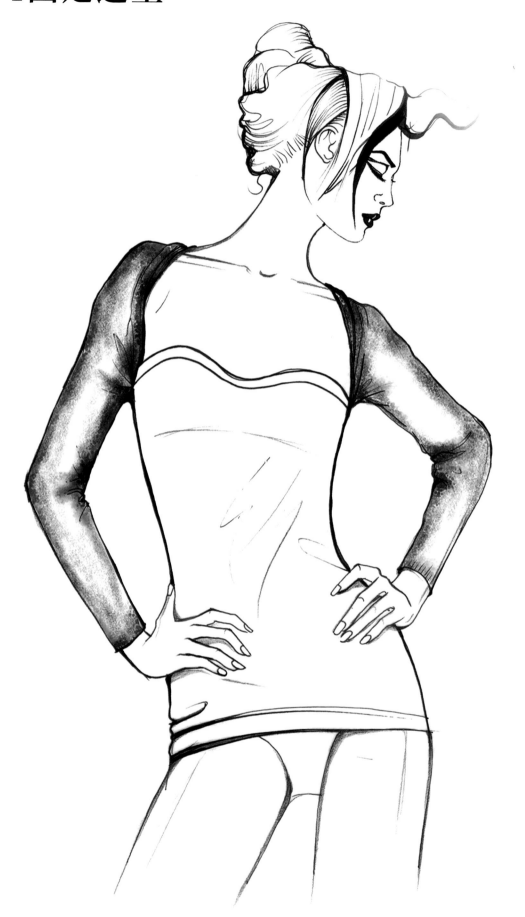

模特脸朝向侧面，双臂向外，双手放在胯部。

走路动态——双臂远离身体

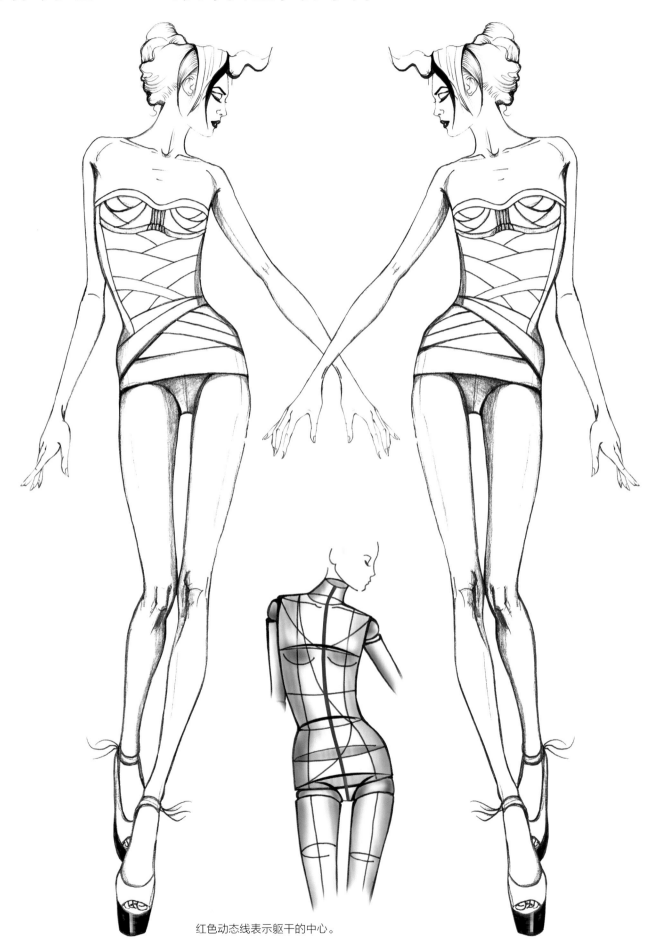

红色动态线表示躯干的中心。

弗拉维亚

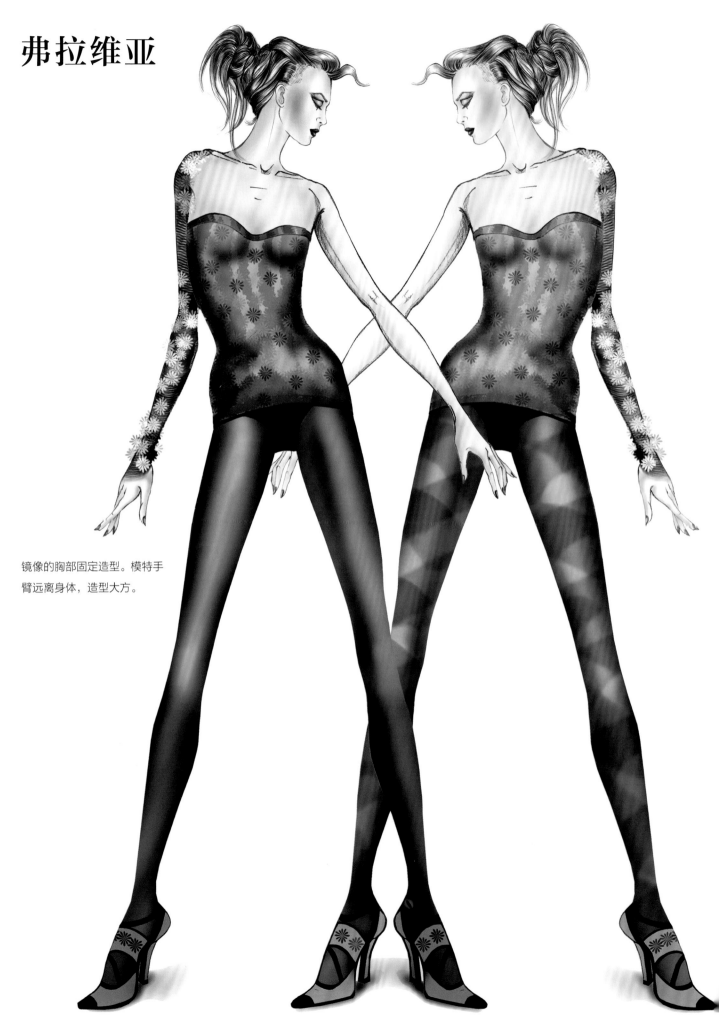

镜像的胸部固定造型。模特手
臂远离身体，造型大方。

全身特写

截取臀部以上部分可精确展示服装和配饰的细节。

摄影特写镜头

戴安娜

极具诱惑力的，非常女性化的造型全身特写。
适用于表现内衣、泳装和性感的连衣裙。精巧
的胸部造型可以展示深领口的服装。

丽贝卡

模特修长的颈部，伸展开的倾斜的肩膀，正侧面直视的造型几乎可以提升所有类型服装的表现力。建议展示宽敞的袖子和各种造型的裤子。红线表示中心胸腔线。

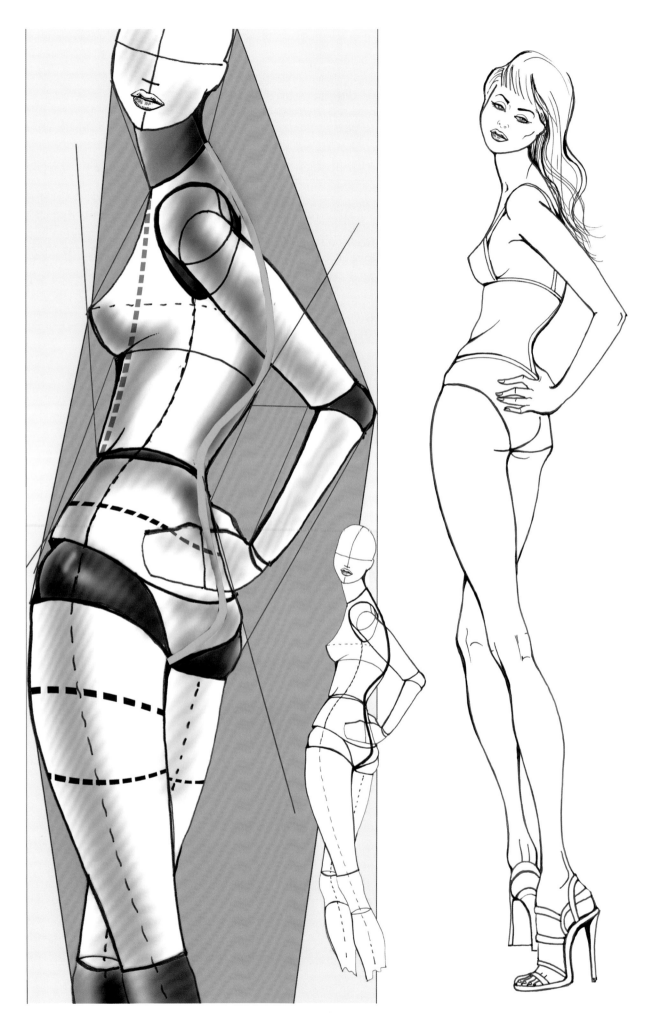

内奥米

内奥米的发型造型独特。她有两条大长腿，如果穿上两侧开叉的服装，效果绝对令人惊艳。模特性感、成熟的造型和优雅的姿态，十分适合展示晚礼服和高级时装，以及连衣裙和泳装。她的手优雅地搭在臀部上方，同时手臂往后转，露出大部分臀部。这种造型可以让人们看清衣服的重要细节，尤其是在臀部和下垂领口上绘制的细节。中心背部的S形线用绿色表现，躯干和臀部的主要部分在侧面展示。

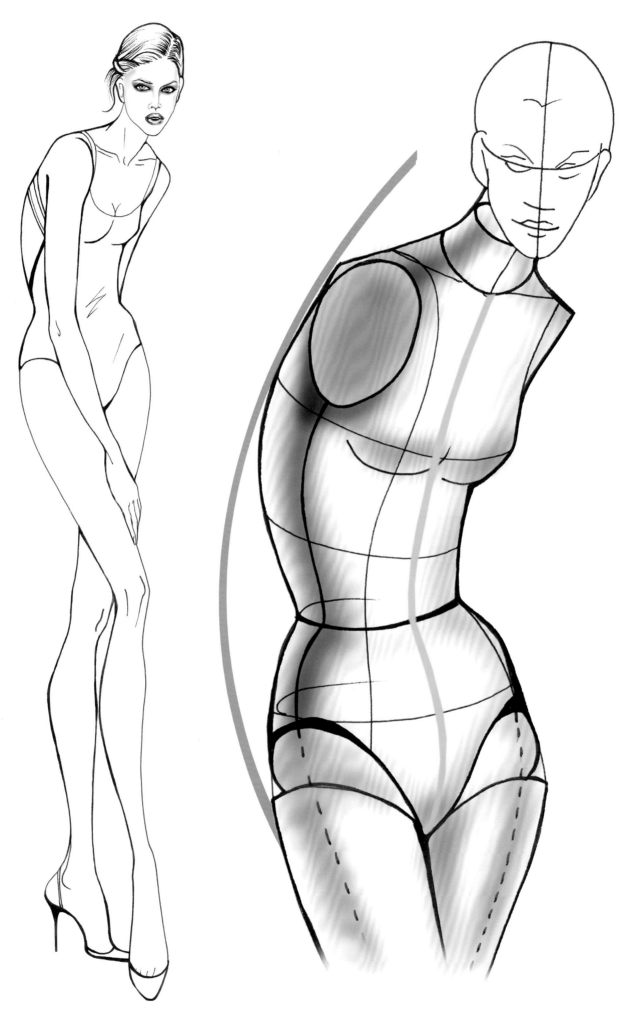

叶连娜

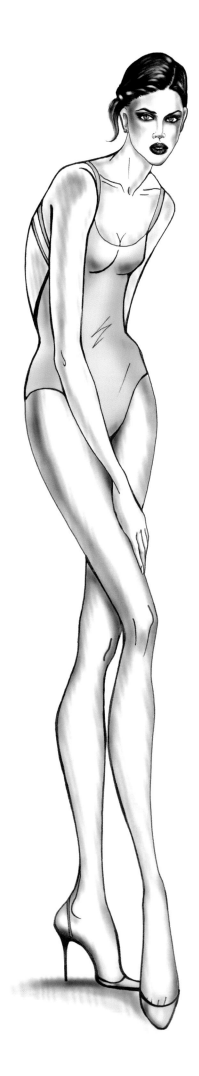

叶连娜的躯干和臀部形成一条放松的曲线，
适合展示长尾晚礼服。在着装时，必须注意
绿色中心线和模特身体的各个结构。

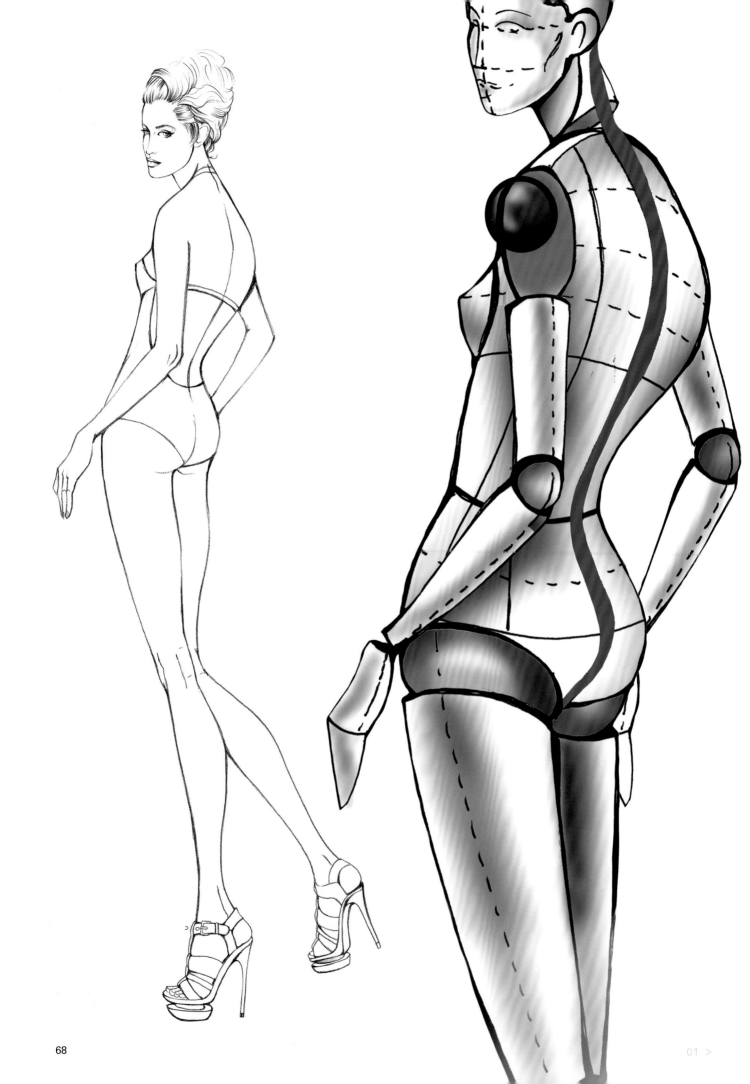

达夫内

这位完美模特的造型非常优雅，她将背部的3/4转过来，用她迷人的目光诱惑着我们。这款泳衣准确地展示了大领口的线条。背部中心线的动态线用紫色标出。

吉尔达

模特处于动态中，从侧面展示。为了保持这个姿势，模特必须保持身体紧张：背部弯曲，手臂呈现出令人难以置信的三角形，臀部向前推同时向内转，双腿分开前后交叠。

请注意模特的左腿，稍稍向外旋转，因此展示中的鞋子几乎是直的。吉尔达具有挑衅性、果断性和感性，适于展示性感的服装、内衣、泳装，大胆的连衣裙等，甚至可以展现裙子的质感或特别的细节。让她

试试基本款服装一定会很有趣。因为她的臀部是稍微向内转的，所以在使用这个造型时需要仔细研究她的身体结构，仔细观察她身侧的主线，确保设计出合身的衣服细节。

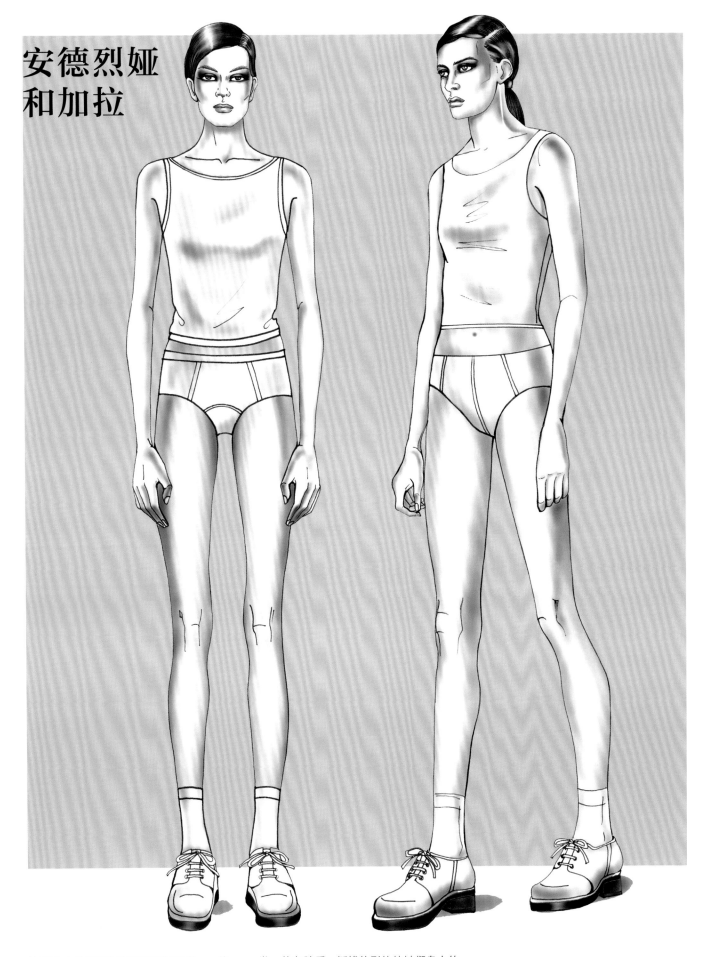

安德烈娅
和加拉

这两个中性模特手臂垂在臀部两侧。一位
的腿几乎与肩同宽，而另一位则做出迈步
走路的动作。她们的发型都是简单的直

发，扎在脑后。挺拔的形体使她们身上的
短裤和背心显得非常合身。她们适合展示
基本款或中性服装，搭配中性系带鞋。

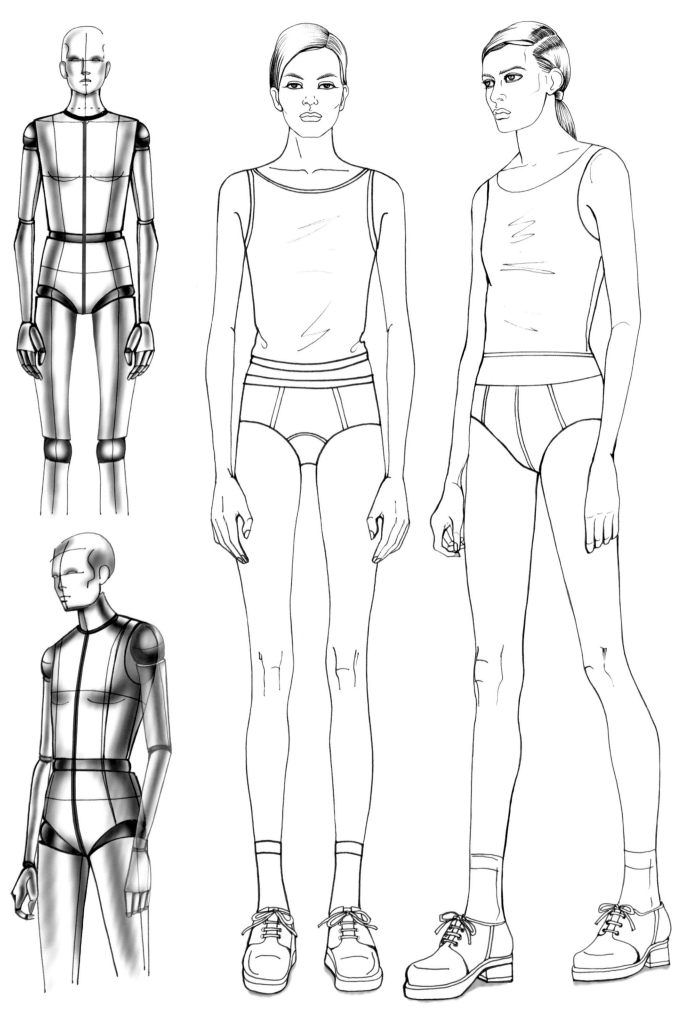

全身特写

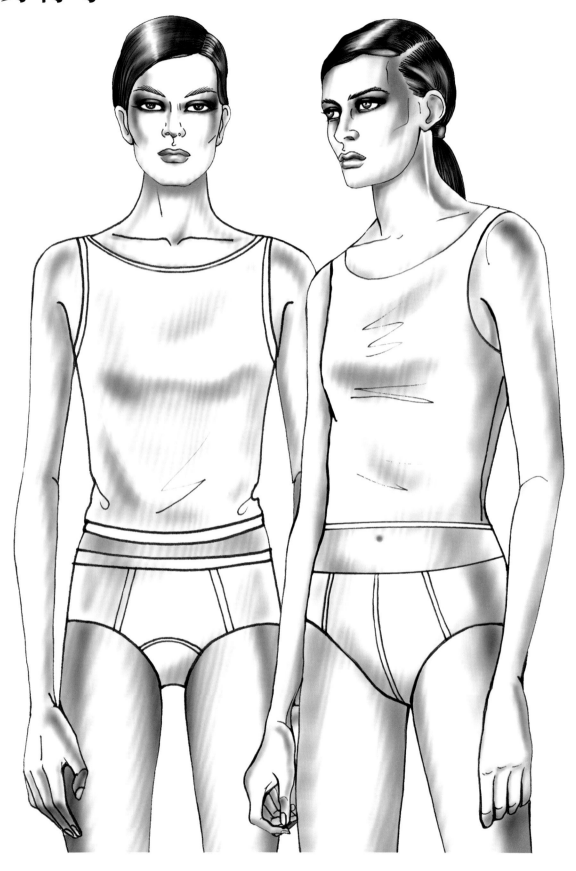

这是本章节最后一个模特展示。打开你的
本子，开始绘制自己设计的造型吧。学着
自己设置造型组合非常有趣。

如果你愿意，可以将它们发送给作者，也
许它们之后会出现在这类主题的书中。

02 颜色

颜色是什么?

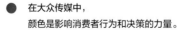
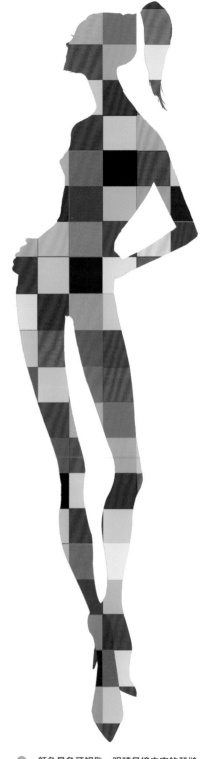

● 对于普通人而言,
　颜色是周围事物的内在属性。

● 对于心理学家而言,
　颜色是一种治疗手段。

● 对于化学家而言,
　颜色是对彩色颜料的研究。

● 对于物理学家而言,
　颜色是一种光能。

● 在光学中,
　颜色是对光传播的研究。

● 在大众传媒中,
　颜色是影响消费者行为和决策的力量。

● 在古代文明中,
　颜色是一种有象征性的、仪式化的价值符号。

● 在时尚中,颜色是魅力,也是诱惑。

● 对于画家而言,用康定斯基的话说,颜色是一
　种直击灵魂的方式。

● 颜色是象牙钥匙,眼睛是撞击它的琴槌,灵魂
　是有无数根琴弦的乐器。

这样的句子还可以不停地说下去,但我们
永远不会有一个确切的答案,因为颜色是
我们周围所有可见和不可见的事物的组合。

时尚色彩

时尚史也是色彩史，是对每个色彩进行不断探索的过程。

纵观历史，色彩一直是焦点，它精美绝伦，能满足其崇拜者对新鲜事物永不满足的渴望，通过永不重复的色彩变化攻占全世界的秀场。换季的时候，最先变的不是服装的整体风格，而是颜色。对于未来的时装设计师而言，了解色彩的象征力量及其法则意味着充分理解其产生的感官效果。了解如何正确运用它，有助于使作品更具个人特色，更协调。

世界上所有伟大的造型师和创意人员都精通色彩及其象征意义。色彩在潮流的划分中就像一个隐形不断的线，体现出鲜明的时代风格。在不久的将来，随着纳米技术的应用，我们可以看到根据实时天气或佩戴者身体状况或情绪变化而改变颜色的服装。房屋的墙壁和城墙，也会随着太阳光的微弱削弱而改变它们的色调。没有人知道量子科学的未来是什么颜色。

物理学中的光与色

fig.1

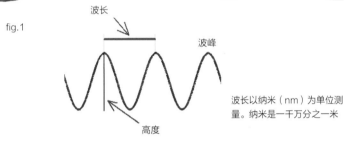

波长

波峰

高度

波长以纳米（nm）为单位测量。纳米是一千万分之一米

fig.2　比较直径大小

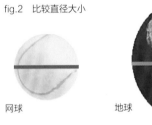

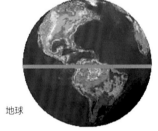

网球

地球

光和颜色在我们的生活中都很常见，我们常常会忘记它们是截然不同的物理现象。这个简短的部分讨论的是与我们的研究相关的光和颜色的主要性质。物理学家解释说，我们看到的颜色不过是我们的眼睛感知到的有色光对物体的反射。理解颜色的概念，要追溯到它的来源和它的性质：光（源自古英语"leht"和古日耳曼语"leukhtam"，"leuk"的词根意为

"光、亮度"）。从古至今，光一直是被广泛研究的主题。然而，尽管进行了科学的分析，我们至今仍无法完全理解它是什么以及它由什么构成。曾经有各种各样的理论试图解释光：科学理论、波段理论、量子理论甚至电磁理论。电磁理论中，光被视为电磁波的特征之一。光被定义为一种特殊类型的发光辐射，使我们能够看到周围的一切。光由名为"光子"（"照片"，

希腊语意为"光"）的能量粒子组成，以300,000 km / s的速度线性移动，同时以电磁波的形式存在。

两个波或波峰之间的距离称为波长，以纳米为单位（fig.1）。纳米是百万分之一米。要了解它的大小，可想象着比较一下网球的直径和地球的直径（fig.2）。

电磁辐射的质量

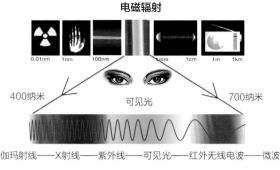

电磁辐射

0.01nm　1nm　100nm　　1mm　1cm　1m　1km

400纳米　　　可见光　　　700纳米

伽玛射线——X射线——紫外线——可见光——红外无线电波——微波

我们看到的颜色只不过是眼睛看到的物体的反射光线。这个苹果看起来是红色的，是因为它吸收了除红色光外所有颜色的光

我们看到的是什么

没有光线，就没有颜色，因为物质本身是没有颜色的

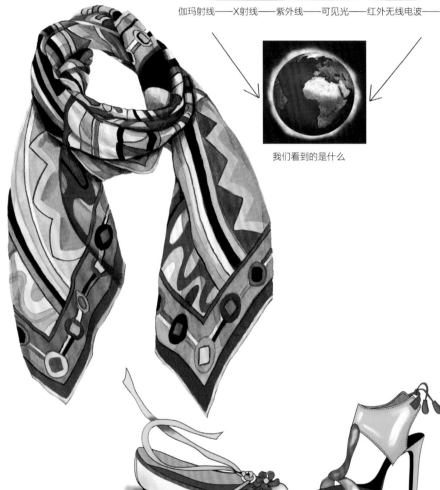

颜色是一种纯粹的能量状态，可以影响和吸引每一个生物

颜色是一种纯粹的能量，它可以影响和吸引每一个人。根据电磁波高度和长度的不同，它们有不同的特征和名称：无线电波、X射线、伽马射线、紫外线、红外线和微波。我们无法看到这些波，只能通过如无线电、卫星、雷达、手机、磁共振图像等手段感应到。可见光在光谱的中心，人的眼睛可以感知的波长在400纳米（紫色）到700纳米（红色）之间，一般来说，人眼能看到的这个范围内光谱中所有颜色。

想要理解不可见光和它们反射在物质上形成颜色的概念，可以试着想象一下以下画面，强大的水流（光）猛烈地撞向不完全吸水性墙壁（材料）：其中一些穿透墙壁，但其余部分反弹、变成数百万个水滴。现在，把水换成电磁波，你就会理解我表达的意思。

光的颜色

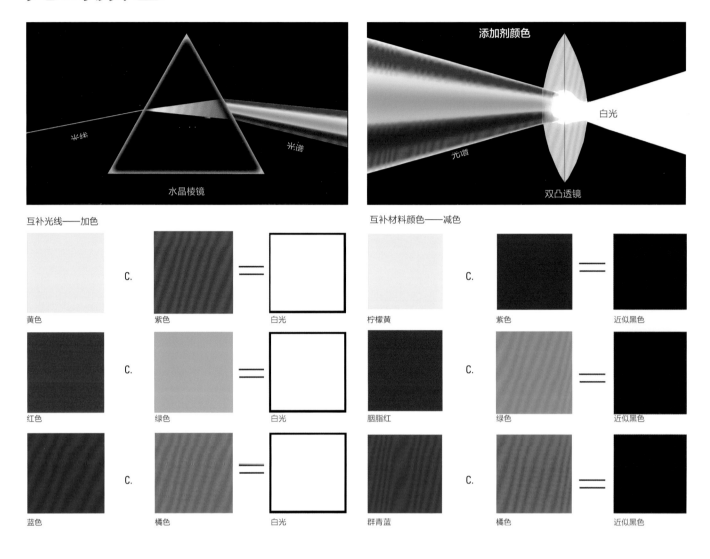

互补光线——加色

黄色   C.   紫色   =   白光

红色   C.   绿色   =   白光

蓝色   C.   橘色   =   白光

互补材料颜色——减色

柠檬黄   C.   紫色   =   近似黑色

胭脂红   C.   绿色   =   近似黑色

群青蓝   C.   橘色   =   近似黑色

牛顿定律

牛顿是数学家、物理学家和天文学家。他在光学研究中第一次用到"光谱"这个词，同时他还发现了颜色的本质不是物质的性质而是光。1676年，他通过实验证明了白光可分解成彩虹的颜色，从而得出了以下规律：

当光线通过晶体棱镜时，它会分散到光谱的可见色范围中：红色、橙色、黄色、绿色、蓝色、靛蓝和紫色（靛蓝介于蓝色和紫色之间）。

加色和减色

混合颜色的两种基本方式是"加色法"和"减色法"。加色法的颜色是光产生的颜色，我们可以通过双凸透镜中，看到各种电磁波组成的色谱。

所有颜色的光混合起来会形成白光。光谱中的每一种颜色都与其他颜色混合后的颜色互补，也就是说，如果从从光谱中移除一条色光（例如红色），将剩下的色光混合，产生的光会是绿色，诸如此类。因此，互补色是除了该光线之外的所有光的组合。互补色光：黄色和紫色，红色和绿色，蓝色和橙色，如果把它们组合在一起（此处颜色指的是光的颜色），就会产生白光。光谱中每种颜色都有自己的波长，不在光谱中的其他颜色是多个波长组合的结果。减色法中的颜色是由颜料（调整颜色的基本原料）和人造色素组成的材料（蛋彩，丙烯酸，油，彩色粉笔，马克笔等）。这些材料的作用方式与光相反。因此，如果混合一种颜色和它的两个互补色，就会产生近似黑色的颜色。

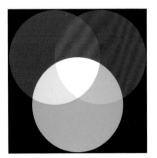

RGB：加色（浅色）

CMYK：减色（材质）

色彩理论

伊顿的色轮

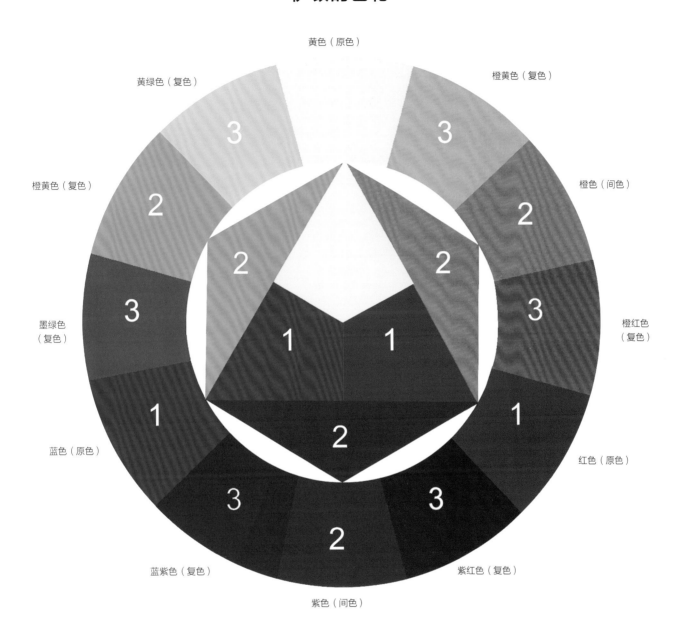

黄色（原色）

橙黄色（复色）

黄绿色（复色）

橙色（间色）

橙黄色（复色）

橙红色（复色）

墨绿色（复色）

蓝色（原色）

红色（原色）

蓝紫色（复色）

紫红色（复色）

紫色（间色）

许多科学家和画家曾提出过无数的色彩理论，但是最广为人知的还是约翰·伊顿在1961年提出的色彩理论。

伊顿认为，把色彩视为某种承载物的理论早该抛弃了，他倾向于把色彩视为基础理论，任何人都应该有所了解。接下来我们会更深入地探索时装设计中的颜色和色彩组合。

伊顿的色轮：原色、间色、复色

伊顿的色轮分为12个部分，中间的三角形1代表三原色：柠檬黄、海蓝色和胭脂红。三角形2代表间色：橙色、绿色、和紫色，间色由两种原色互相调配而成。最外围的环（第三层）是复色，是由原色和间色调配而成的，包括橙红色、紫红色、蓝紫色、墨绿色和黄绿色。这些就是原色、间色和复色。随意调配这十二种颜色能得到更多颜色，同时也可以适当地把白色或黑色加入三原色中，得到更多特别的颜色。本章末尾有40种颜色的配色表。

原色、间色、复色

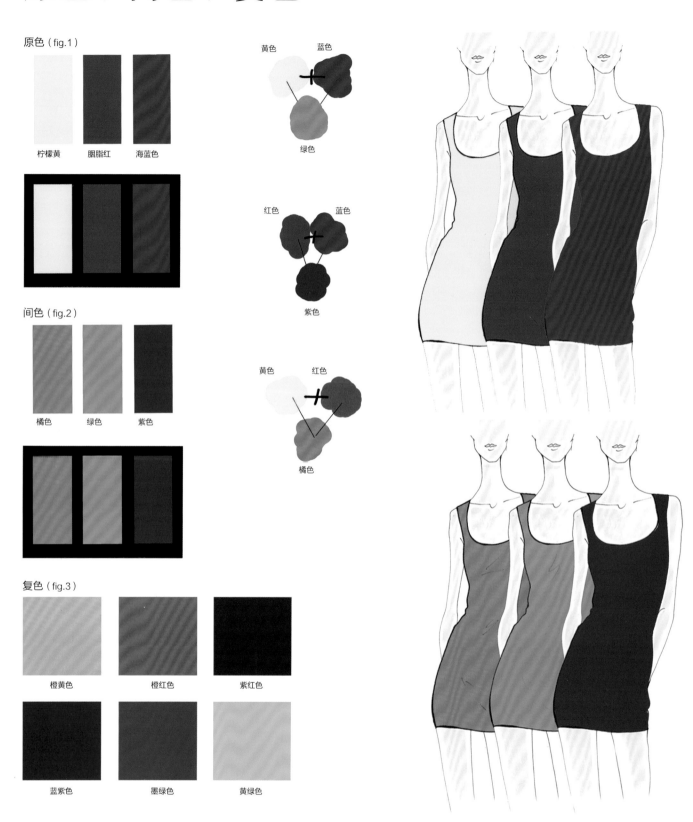

原色（fig.1）

柠檬黄　胭脂红　海蓝色

间色（fig.2）

橘色　绿色　紫色

黄色　蓝色

绿色

红色　蓝色

紫色

黄色　红色

橘色

复色（fig.3）

橙黄色　橙红色　紫红色

蓝紫色　墨绿色　黄绿色

反复观察三个图表，可以更好地理解色轮。Fig.1是三原色：柠檬黄、胭脂红和海蓝色。这三种颜色被称为三原色的原因是它们无法由其他颜色混合而成。

原色互相调配形成间色：黄色+蓝色=绿色，红色+蓝色=紫色，黄色+红色=橙色（fig.2）。复色是由原色和间色混合而成的，如橙黄色、橙红色、紫红色、蓝紫色、蓝绿色和黄绿色（fig.3）。
在黑色框里的同种颜色显得纯度更高，这是因为色彩对比度更明显。有了黑色的对比，同种亮色的亮度看起来更高。

蒙德里安风格连衣裙

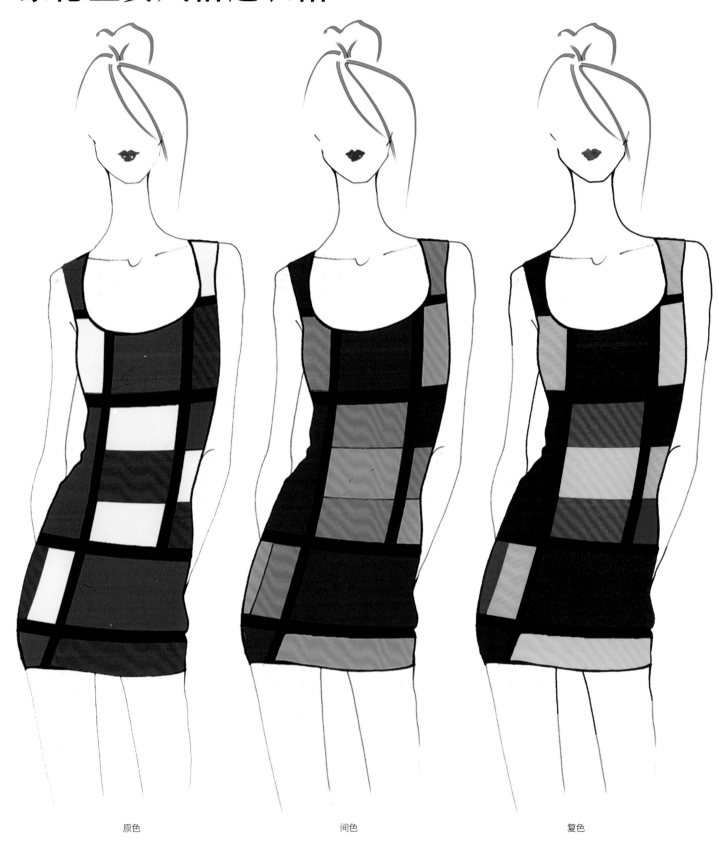

原色   间色   复色

几何色块连衣裙的灵感源自蒙德里安风格
的绘画。裙子颜色由原色、间色和复色组
成，不同颜色用黑色的网格分开，颜色对
比度提高，亮度提高。

设计师的基础色

基础色（fig.1）

柠檬黄

胭脂红 　品红 　紫红色

海蓝色 　蓝绿色

紫色由蓝绿色和紫红色混合而成

白色——亮色 　黑色——暗色

互补色（fig.2）

柠檬黄 　c. 　紫色 　＝ 近似黑色

胭脂红 　c. 　绿色 　＝ 近似黑色 　黑色

海蓝色 　c. 　橘色 　＝ 近似黑色

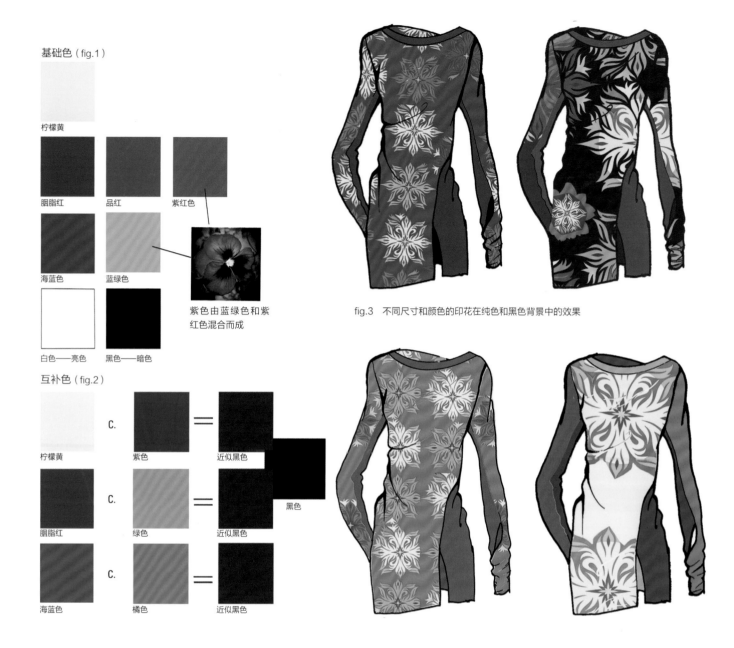

fig.3　不同尺寸和颜色的印花在纯色和黑色背景中的效果

画家、设计师、插画家这类人运用色彩的频率高，因此能够轻松调配出想要的颜色。三原色对于他们来说是远远不够的，于是加入了三种新的颜色：品红，紫红和蓝绿色。这六种颜色统称为基础色。基础色加入白色后亮度增加，加入黑色后暗度增加，通过以上调配方法，可以得到一系列不同颜色，它们的色度和表现力都有所不同（fig.1）。

互补色是同种亮度条件下，对比效果最强烈的颜色，如紫色和黄色、红色和蓝色、蓝色和橙色（fig.2）。

两种互补色能相互调配吗？当然可以！两种互补色可以相互调配，但是一定要注意比例。如果等量调配，一般会产生浑浊的深色。酌情增减各种颜色的量，可以避免这种情况。如果出现了这种情况，可以尝试大量添加某种颜色。

来做个练习吧，本页展示了带印花的成衣，衣物底色是多种纯色构成的，加入黑色分开它们，尽可能增强亮度，以形成更鲜明的活泼色调（fig.3）。

此外请尝试：

（1）应用纯色的对比规则，设计花卉和几何图案。

（2）使用间色和复色调配不同颜色。

（3）用电脑把设计出的印花应用于连衣裙和衬衫上，调整其尺寸和色块分布。

不同明度下的印花

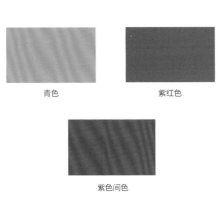

青色　　　　紫红色

紫色间色

色与亮色调配后，色调亮度会更高。例如，为了还原紫罗兰的美丽颜色，需要混合洋红色或紫红色与青色。只用群青或胭脂红无法得到紫罗兰般的紫色，因为这两种明度较低的原色组合只能产生更深的紫色，就像茄子的颜色。领口的三种颜色和不同印花运用了彩色明暗对比法，可以看出第一行色调相同，对比度相对最下面一行中的颜色更低。黄色刺眼明亮，从青色和绿色中脱颖而出，整体色彩效果非常明快。

同种印花在三种饱和色中的表现和明暗对比

练习

按照示例，设计图案/印花，综合运用三原色和间色，修改图案尺寸，改变色彩组合。

青色　　　　柠檬黄

绿色间色

印有三种饱和色和彩色

一种颜色的三个要素

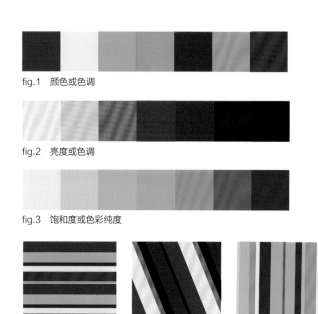

fig.1　颜色或色调

fig.2　亮度或色调

fig.3　饱和度或色彩纯度

条纹

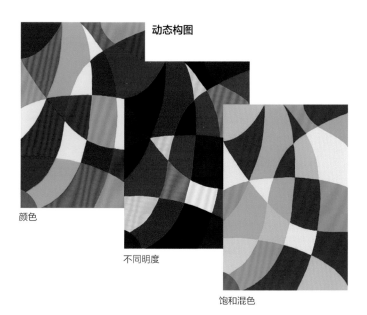

动态构图

颜色

不同明度

饱和混色

每种颜色都由三个要素组成：色调、明度和饱和度。

颜色是颜料的最突出表现。Fig.1展示了一些色调清晰明显的颜色：红色、黄色、绿色、橙色等。亮度或明度也称为色调值，代表某种颜色的不同亮度或暗度。Fig.2展示了随着白色或黑色的增加，紫红色的色调和明暗度是如何改变的。饱和度或色彩丰满度是衡量颜色纯度和强度的指标。Fig.3中，所有绿色中只有最中间的是饱和绿色。其他格子中的绿色，都混合了白色或黑色，纯度有所降低。

色彩效果

相邻的颜色相互影响，可得到一系列视觉效果和感官效果。相同亮度的互补色搭配，可以在最大程度上衬托出彼此的亮度，如果搭配其他不太明亮的颜色，颜色会更柔和，在与色标接近或近灰色调搭配时甚至会完全改变颜色表现。除了色块分布会有影响，数量也会引发不同感知。马蒂斯认为，一平方米的蓝色比一平方厘米的相同颜色更"蓝"。另一个影响颜色的因素是方向。例如，在左上角的三个色条中，颜色分布和谐，但由于其组成的规律性，色条看起来是静态的。然而，在下面

的条纹框中，相同的颜色搭配看起来更加生动，因为它们的数量和方向不同。在右边的抽象构图中，它们更明快，因为它们在空间中分布的数量和方向不定。灰色会吸收亮度，因此同种颜色在灰色背景中会更为柔和。另一方面，由于内部色调与背景色调之间的对比，在黑色背景上中同种颜色通常会变得更加明亮。

练习

运用色彩明暗对比法，通过改变颜色，设计一些抽象色彩组合。

色彩效果

灰色的背景中颜色明度低

黑色背景中颜色明度高

色彩关系和颜色变化

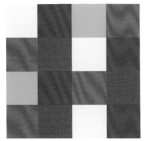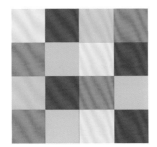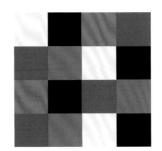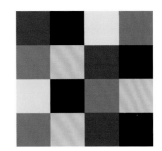

色卡

fig.1

fig.2

fig.3

fig.4

面料设计师需要更换色彩，改变色调，同时保持色调和谐，而亮度和色度的差异会带来问题，因此理解这些差异相当重要。作为专业的设计师，理解并巧妙地调整服装的颜色能够影响消费者行为。试想谁会穿一件款式上乘但色彩难看的衣服呢？

颜色变化

Fig.1和fig.3中的印花相同，但是色彩饱和度和对比色不同，fig.3的色彩组合明度

低且相对平衡。每个颜色选择都要求精准，定好原色后，再运用花卉图案即可，图案也都是事先准备好的。色彩主题受造型影响，有的需要特殊的色彩对比fig.4，大片无色相颜色显得呆板，明亮的绿色却因此成为点睛之笔。最后也是最重要的一点，注意颜色与织物紧密相关。某些纤维能够提升色彩质量，如丝绸或高性能织物，而其他纤维，如天鹅绒和羊毛等，会使色彩显得更为柔和。

无色相颜色

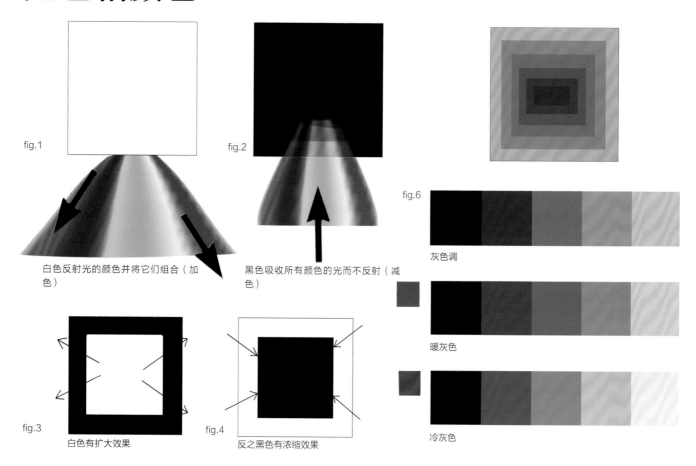

白色反射光的颜色并将它们组合（加色）

黑色吸收所有颜色的光而不反射（减色）

fig.6

灰色调

暖灰色

冷灰色

白色有扩大效果

反之黑色有浓缩效果

黑与白

一对优雅的色彩。黑色和白色"无彩色"，因为它们没有色彩倾相。绘画中，白色常被视为原色，因为它无法由其他颜色调配而成。黑色常被视为间色，因为它大多是由原色调配而成的。白色反射所有颜色的光并将它们组合（加色），它代表光本身（fig.1）。黑色吸收所有颜色的光线而不反射它们（减色），它代表暗色（fig.2）。在夏天，穿着浅色如白色让我们感觉凉爽，因为白色吸收较少的辐射。但在冬天，我们常常会穿着深色或黑色的服装，因为它们吸收辐射，保暖效果好。在视觉感知上，白色显胖（fig.3），而黑色显瘦（fig.4）。在时尚界，有许多经典的黑白面料，如千鸟格、花呢、威尔士亲王格、斜纹、细条纹等（fig.5）。

灰色

是一种中性、不饱和的色调，由白色和黑色混合而成。它有许多渐变色调，但人眼似乎只能识别出16种。灰色可以通过带红感或蓝感来呈现冷暖色调（fig.6）；最后，只要调整这种无彩色的亮度，几乎任何颜色都可以与之搭配。灰色在冬季服装和运动服中运用很广，也可以同时搭配饱和色调及其互补色。在服装史上，灰色的忧郁、高雅、复古和精致，使它与黑色、白色一起受到了19世纪资产阶级的喜爱。

无色相织物

斑马纹
细条纹
棋盘格纹
千鸟格
冷灰色
细条纹
波浪纹
波点
条纹
印花
fig.5

光学艺术

光学印花

蒙德里安风格连衣裙

艺术或欧普艺术是动态艺术的抽象趋势。它始于20世纪60年代，发展于20世纪70年代，特点是将黑白色运用于图形或几何形状中，可造成强烈的视觉错觉。在绘画方面，维克多·瓦萨雷里是"欧普艺术"的创始人。在时尚界，伊夫·圣·洛朗是第一个了解这种风格价值的设计师，他推出了"蒙德里安风格连衣裙"——一款将黑色线条与色块结合的A字形连衣裙。这是一场彻底的革命。在此之前，没有人见过如此独特有新意的东西，这完全符合当时社会的服装风格，因此迅速成为时尚新宠，引得同辈设计师纷纷效仿。欧普艺术能造成强烈的视觉幻觉效果和不稳定性。蒙德里安风格连衣裙因其几何图形独特，不断在世界各地的时装走秀中重现，在各

种趋势的洪流和季节变化中都被赋予了不同理解，并加入其他元素，如某些节假日标志。这种风格适合任何年龄段，且具有极强的视觉冲击力。

练习

光学风格和蒙德里安连衣裙，设计抽象几何风格，并将其应用于修身连衣裙和夏季T恤的设计中。

暖色和冷色

"色温"的不同，颜色分为"暖色"和"冷色"。温暖的色彩与火、阳光、日落、秋天的树林和爱情有关，通常指红色、黄色、赭色、棕色和橙色。色调是红色或黄色时，色温通常被视为是温暖的（fig.1）。凉爽的色彩通常会让我们想起冬天、大海、天空和平静。因此，带蓝色、绿色和紫色的色调以及高比例的蓝色色调会给人冷的感觉。总而言之，大部分色调是蓝色时，色温冷（fig.2）。冷暖色的组合方式也会影响颜色的感知。如果我们将紫色或绿色与大片红色、橙色和黄色搭配（大片色块），由于色度的相似性，这种色彩组合是温暖的。我们可以改变颜色的温度吗？是的，我们可以通过蓝色冷却或用红色加温。如果想调整明度，加入少部分的互补色或淡化正在使用的颜色，只有在整体色调极暗的时候才可以加入黑色。记住，黑色是所有原色的混合，它能够完全改变所有颜色。如果用黑色调暗黄色或赭色，就会变成绿色，如果加入红色，就会变成棕色（fig.3）。

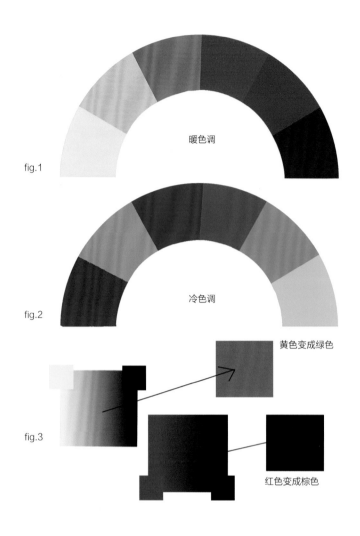

fig.1　暖色调

fig.2　冷色调

fig.3　黄色变成绿色　红色变成棕色

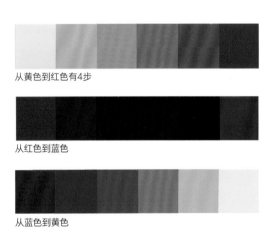

从黄色到红色有4步

从红色到蓝色

从蓝色到黄色

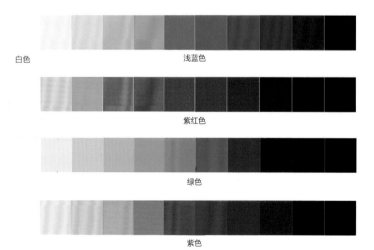

白色　浅蓝色

紫红色

绿色

紫色

色彩明暗对比法

明暗对比是在不添加白色或黑色的前提下，从一种颜色到另一种颜色的逐渐转变。色彩渐变即色彩过渡。

色调明暗对比

明暗对比是指单色逐渐用白色稀释变亮，用黑色加深直至变成黑色。用黑白调整亮度的这两种方法常常在绘画中同时用到，用这两种方法可以把一种颜色变成另一种颜色，并改变明暗对比的亮度。

印花和图案

同种款式不同印
花效果

暖色调印花

冷色调印花

几何花卉图案。

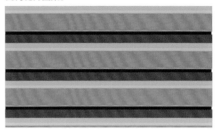

展示了冷暖色调中几种几何花卉的印花和条纹。对比鲜明的色彩适合表现能量和动感，领口的不对称色块不仅能表现出简单色彩的相互作用，也能体现印花中不同尺寸和色调的相互作用。印花及其变形的细化是由电脑完成的，电脑可以更直观、即时地展现产品效果。如今，专注时装设计需要掌握专业软件，在当今社会，电脑在设计中的地位相当重要乃至不可或缺。

练习

（1）运用色彩和色调明暗对比的规则，分别设计出两种冷色调印花和两种暖色调印花。

（2）将印花运用于自选服装中。

（3）给设计好的每种印花设定三种颜色变化。

色彩对比度和感染力

fig.1

fig.2

fig.3

fig.4

fig.5

色彩对比度

学习色彩对比度后，可更好地运用互补色或多种颜色进行搭配。画面包含原色、间色和互补色时，更应注意色彩对比度的部题（fig.1）。将饱和、明亮的颜色与黑色分开或重叠可以提高对比度，使画面更具活力（fig.2）。把色彩饱和度较低的颜色相邻放置时，色彩强度和对比度较低但色彩组合效果不错。在这种情况下，可以设计两个色层，"图形"和"背景"。"图形"由黑色组成，黑色色块看似与构成"背景"的饱和度低的下层色块分离（fig.3）。与鲜亮的色彩及低亮度的色彩相结合，产生视觉冲击（fig.4）。

色彩感染力

色彩感染力是色调相似颜色的组合（如紫红色——紫粉色、天蓝色——蓝绿色、粉红色——橘红色、酒红色——或——浅紫红色）或如背景方块所示，挑选出来的阴影颜色组合。Fig.5展示了一些相似色调，它们在几何图形和抽象图形中位置相邻。将这些颜色混合在一起时，它们之间的界限会逐渐消失。这种过度是逐步的，看起来它们似乎在向彼此移动，距离由远及近。无论哪个季节，这都是一个引发灵感的主题。

服装

秋季色彩饱和度低　　　　　　　　　饱和的色彩与丰富的色调对比　　　　　　色彩感染力强

色彩连贯性

古斯塔夫·克里姆特"水蛇II"

深蓝色

果岭绿

天蓝色

淡紫色

橙黄色

靛蓝

沙色

黑色

砖红色

将纯色和混合色搭配时，需要了解"色彩的连贯性"和"色彩平衡"的概念。这种情况下的混合色中常常包含一种起连接作用的过渡色，不管这个过渡色多么微妙，仍是构图的重要部分，能使画面更加和谐平衡。举例来说在古斯塔夫·克里姆特的"水蛇II"中，画布中的大部分颜色都以橙色作为过渡色。它的肤色和头发的色调虽不相同，但整体呈现烧过的色泽，沿着沙色和浅米黄色，逐渐转变为螺旋装饰物的金色。这些相似的暖色与另一种冷色调的连续色谱并置，这种冷色调是橙色的互补色：蓝色，整个色彩运用包含天蓝色、深蓝色、蓝紫色、淡紫色和精致的果

岭绿。将黑色——所有颜色的总和作为背景，使绿色和偏金的米色对比更加强烈。色彩的连贯性规则揭示了绘画和谐背后的魔力，理解这一规则有助于简化印花织物中色彩组合的复杂性，画面色彩有变化，又保持了平衡。

色彩连贯性的应用

有的色调可能无法平衡调色板上没有的彩色，也无法使用调配出的颜色来改变色卡。以下步骤在解决这类问题时非常有用，它结合以上规则，能在最大程度上保证画面效果。我建议用电脑工作，因为使用电脑更为便捷。

步骤

（1）选择一幅动物或植物王国的图画，如克里姆特"水蛇II"的这一部分。

（2）选择十几种明度相同的颜色。

（3）使用选好的色卡，通过不同的色调搭配。

（4）设计如条纹、正方形、花朵、抽象设计等组合图案，并在电脑上用选定的颜色着色，改变颜色的尺寸和位置。

带有色度连续体的印花和图案

选择色调，改变色块的大小和位置。

（5）将印花添加到连衣裙、衬衫、背心、T恤、鞋类等服饰上。色彩效果既原始又引人注目，所有颜色都很和谐、明亮。

在本页及下页，将继续进行印花创作、多色条纹和定点印花练习，并将其应用到各种服装和配饰上。创作出来的衣服不必追随时装潮流，这只是帮助你理解和掌握这一方法。

其他应用

混合印花

明暗对比色调

方形印花，色彩对比鲜明

漆包金属链

有色彩对比度的连续印花

色调明暗对比

侧扣露趾带蝴蝶结的高跟鞋

如图所示是在Photoshop中制作的，我们可以看到基础主题的一些变化。风格化的印花主题可以通过多种方式应用，如改变图案颜色和大小，结合其他装饰图案。特别是在连衣裙和鞋类中，其他印花也有不同的构成。

色彩连贯性和跳色

下面用一些针织服装讲解色彩连贯性，本页图的特点是高饱和度的强烈颜色对比，其中许多灵感源于克里姆特的绘 画。设计时还可以采用纯色印花，更换色板图案尺寸色大小、位置等。从本质上来说，只要有电脑软件和想象力，就可以实现主题的无限变化。这个流程能让人更好地了解颜色，同时增强设计师的表现力。单调、重复的外观是毫无意义的，而且就颜色而言，前提是它们既有品位又有原创性，需要在千种不同的解决方案之间进行唯一的选择！

季节色彩：春季

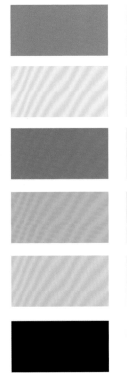

如今，我们经常难以分辨我们正在经历的季节，因此谈论季节性色彩可能有点风险。然而这个主题非常有趣，因为它与我们的身体、感观还有时尚息息相关。随着季节潮流的变化，造型师会提供大量的颜色应季的成衣。它会激起人们的购买欲望，同时，由于每个人感知颜色的方式不同，尽可能多地提供不同颜色有利于满足不同人的需求。在这种情况下，我们就需要提出无数种与自然色彩相关的色调，然后从中选择自己感兴趣的颜色。

漫长的灰暗冬季之后，春季可能是最受欢迎的季节。它带来了新的生命，山谷染成五颜六色，处处充满活力。时尚界也被清新自然的色彩点亮，这些温暖的颜色，如橙黄色，柠檬绿，绿松石色，鲜红色和灰色，组成一幅美妙的粉笔画，仿佛在庆祝春天的来临。

夏季

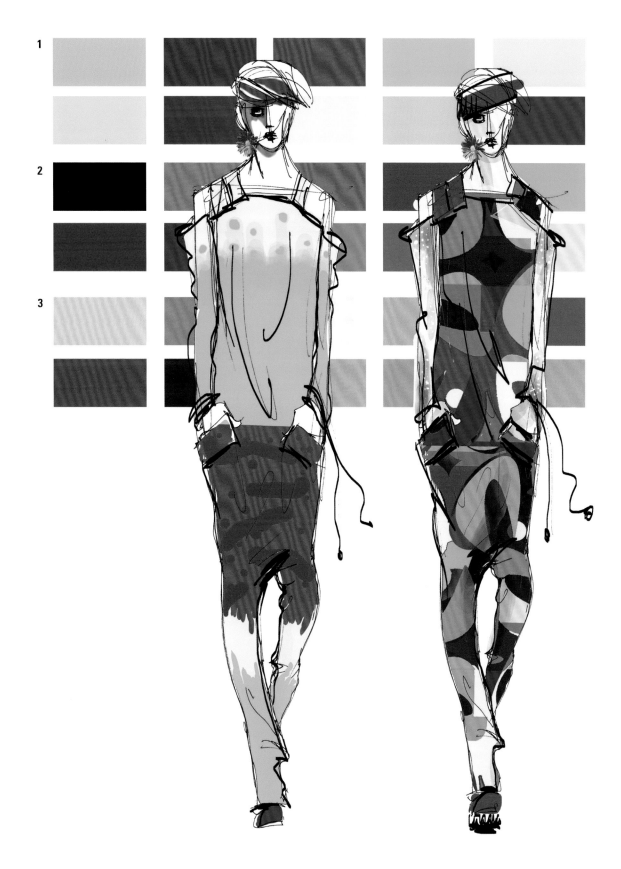

夏天，人们的户外生活丰富。天气日渐炎热，去海边游玩，环游世界，到山顶感受凉爽空气，夜晚到户外乘凉的人越来越多。在时尚方面，我们挑选了朝气蓬勃的霓虹色（1），明亮的色调和发光的对比（2），米色（3）和新鲜的单色色调，与海洋和大地的色调相呼应。此外，还在设计中加入了金属色、金黄色和闪亮的配件，如亮片、宝石等。色彩是衣服最显著的特点，印花、纯色和潮流配件的搭配方式也应该是无拘无束的。

秋冬

饱和的颜色

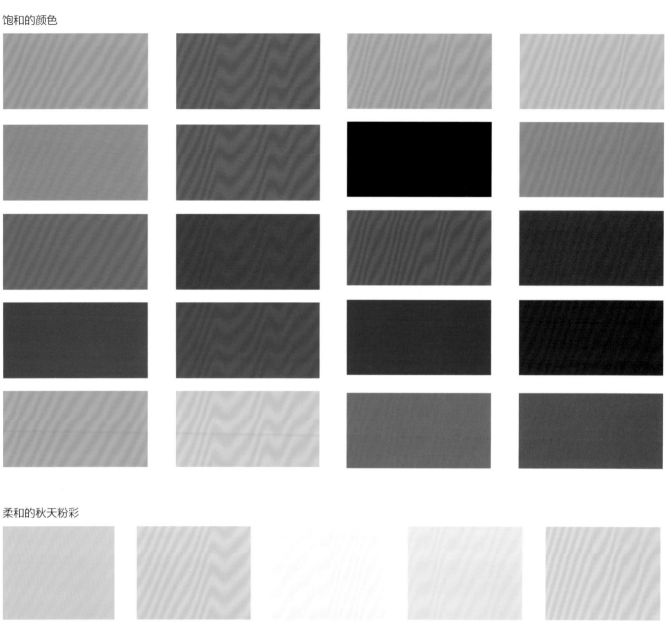

柔和的秋天粉彩

凉爽温暖的中性色

秋天和冬天是一年中逐渐转冷的季节。昼变短夜变长，大自然逐渐开始冬眠。在秋天，树木变成华丽的金黄色、橙色、红色和深赭色，与树干的棕色，森林地面隐隐的绿色形成鲜明对比。而冬天，整体色调变冷，天和海的颜色变淡，像浅色的粉笔画。时尚与大自然的变化相呼应，呈现出不同色彩，衍生出一些经典色彩组合。金属色、古铜色和金色适用于晚礼服设计。华丽色彩与不饱和色调相结合，整体效果显得更加雅致，比如中性的天蓝色，海和秋天森林的颜色。

40种颜色图表

如何仅由5种色调得到所有色调

以下几页介绍了一种独特的练习，它将教你如何混合颜色，并获得想要的色调。

接下来介绍的方法并不常见，但我认为它非常有效。我一直在我的课堂上使用它，将它插入色彩理论部分的末尾和水粉绘画技术研究的开始。这是一个重要图表，正如我所说的那样，它可教你如何通过混合不同量的五种基本颜色来表现所有颜色：三种原色、白色和黑色。我们这里讲的是水彩，但它其实适用于所有液体材料，如蛋彩画、丙烯酸、油彩等。你也可以添加白色（很少用于水彩画，因为水彩通常用水稀释颜料就可以增加亮度）到基色中。色卡设置在随后的几页中。左侧栏包含五种基色，每个色卡的颜色都是按顺序混合三原色和黑白获得的。

遵循的规则

要遵循的最重要的规则是根据配色顺序进行操作。从浅黄色开始，按顺序继续，直到最后的黑色（n.35）为止。注意在各种组合中添加的颜色量：这个练习并不像看起来那么容易，当你混合颜色时，即使只是小小的偏差，都不能准确调配出想要的颜色。主要的难点是正确选择调色板上的颜色。这需要丰富的技巧，随着时间的推移，只要经常练习，你将成为色彩方面的专家。

最后，你会了解调配每种颜色所需的颜料，彻底明白颜色的调配方法后，就没有任何你调不出来的颜色了。

建议

- 在开始调色之前，用沾湿的海绵擦拭表面，以去除表面上的油污。

- 等待纸张完全干透，开始从左上角画大小相似的方形色块，色块之间的距离越近越好。绘制顺序是从左往右，再从上到下。

- 请记住，根据顺序，每一种颜色都会包含它的前一种颜色，因此请按顺序进行。

- 还有一个建议是彻底清洗刷子，以便应对颜色的突然改变，如从暖色到冷色，从中性色到黑色。

- 即使是少量的、难以察觉的颜色残留也会改变你正在调配的颜色。例如，你想要调一个蓝色，但是你的刷子很脏，刷毛和柄之间沾了黄色颜料，蓝色就会偏绿。

而当你调绿色时，如果刷子上残留了一点红色，那么绿色就会偏冷、偏柔和。

- 使用喜欢的品牌的8号或10号刷子。

- 最后请记住，水彩画不需要用白色稀释。要增加水彩颜色的亮度，只需用水稀释即可。如果你还没有掌握这个技巧，我建议先回到前面的相关章节进行练习，以便掌握用水稀释水彩颜料的方法。

5种基础色及其混合后调制出的35种颜色

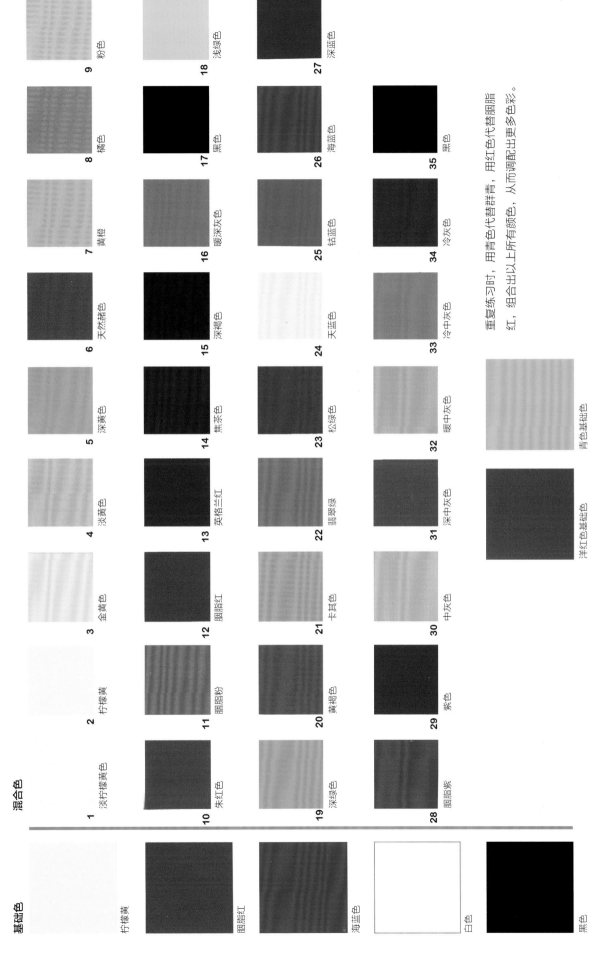

基础色

混合色

| 1 淡柠檬黄色 | 2 柠檬黄 | 3 金黄色 | 4 淡黄色 | 5 深黄色 | 6 天然赭色 | 7 黄橙 | 8 橘色 | 9 粉色 |

柠檬黄

| 10 朱红色 | 11 胭脂粉 | 12 胭脂红 | 13 英格兰红 | 14 焦茶色 | 15 深褐色 | 16 暖深灰色 | 17 黑色 | 18 浅绿色 |

胭脂红

| 19 深绿色 | 20 黄褐色 | 21 卡其色 | 22 翡翠绿 | 23 松绿色 | 24 天蓝色 | 25 钴蓝色 | 26 海蓝色 | 27 深蓝色 |

海蓝色

| 28 胭脂紫 | 29 紫色 | 30 中灰色 | 31 深中灰色 | 32 暖中灰色 | 33 冷中灰色 | 34 冷灰色 | 35 黑色 |

白色

黑色

洋红色基础色

青色基础色

重复练习时，用青色代替群青，用红色代替胭脂
红，组合出以上所有颜色，从而调配出更多色彩。

〈 颜 色

103

表格中的颜色

暖色和无彩色混合

以下是颜色和顺序。虽然这个练习讲的是水粉色的配制，但这种方法可以应用于所有液体颜料，如果有需要的话，可加入白色降低色彩饱和度。

五种基础色

柠檬黄　　　胭脂红　　　深蓝色　　　白色　　　黑色

粉色

清洗干净刷毛后，先加入用水稀释过的胭脂红，然后加入少许黄色，降低灰度。

9

1　淡柠檬黄

由柠檬黄加一点水调配而成。

朱砂红

在大量胭脂红中逐渐加入黄色。

10

2　柠檬黄

黏稠，表现力强。

胭脂粉

在用水稀释后的胭脂红中加入少许蓝色。

11

3　金黄色

从柠檬黄开始，加入极少量的胭脂红。注意，胭脂红非常强烈。你只需要加一点点看起来粉色的量到黄色中即可。

胭脂红

把胭脂红色颜料直接从颜料盘中挑出，加入少量水稀释，但仍要保持色彩的稠密度。

12

4　黄褐色

在金黄色中加入少量的蓝色和黑色，注意只需要加入极少量！蓝色和黑色都是深色，一旦过量加入就无法调制出黄褐色。

英格兰红

调制出比胭脂红略深的颜色后，加入少许蓝色，增加灰度。

13

5　深黄褐色

加入少量蓝色、黑色和胭脂红。这种颜色近似芥末色。

焦茶色

用大量黄色和胭脂红混合形成深橙色，然后加入少许蓝色和黑色，黑色用量比蓝色稍多。如有必要的话，可以再加入胭脂红，以得到更接近泥土的深褐色。

14

6　天然赭色

先调制出金黄色，再加入少许偏胭脂红的紫罗兰色，胭脂红色需要单独调制，加入少量水。紫罗兰色由蓝色和胭脂红色混合而成。

深褐色

这种颜色偏黑，不透明，所以只需要加入少量水，从黑褐色开始，逐渐加入三原色调整深度，加入黑色调整明度，最后得到的就是这种冷色调的褐色。

15

7　黄橙色

在大量柠檬黄中加入少许胭脂红，少量多次加入直至得到这种颜色。

暖深灰色

将黑色颜料中加水稀释为灰色，然后加一抹深赭黄色。如果你要用白色颜料，就加水混合，这样就可以加以使用了，但是这种白色还是会呈现出透明质感。

16

8　橙色

调制过程如上，但需要加入更多胭脂红。

黑色

颜色深且不透明。

17

冷色与无彩色

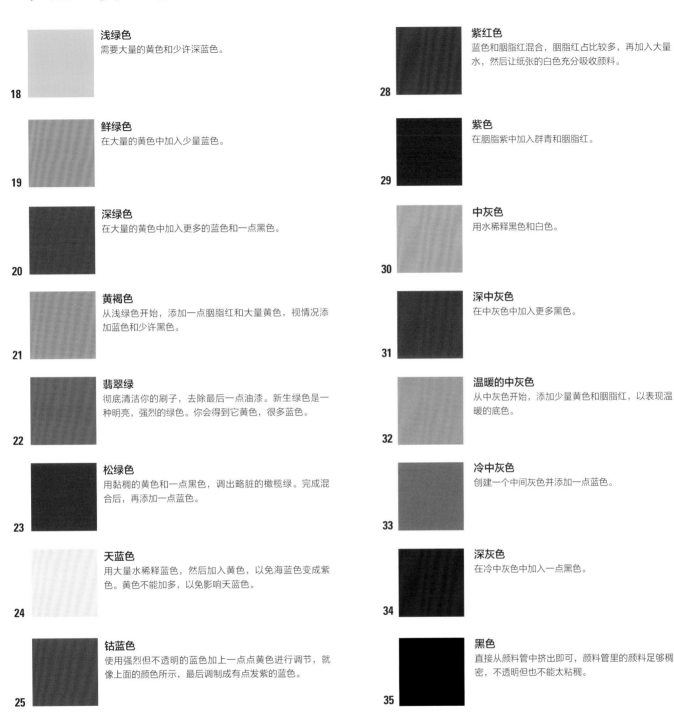

浅绿色
需要大量的黄色和少许深蓝色。

18

鲜绿色
在大量的黄色中加入少量蓝色。

19

深绿色
在大量的黄色中加入更多的蓝色和一点黑色。

20

黄褐色
从浅绿色开始，添加一点胭脂红和大量黄色，视情况添加蓝色和少许黑色。

21

翡翠绿
彻底清洁你的刷子，去除最后一点油漆。新生绿色是一种明亮，强烈的绿色。你会得到它黄色，很多蓝色。

22

松绿色
用黏稠的黄色和一点黑色，调出略脏的橄榄绿。完成混合后，再添加一点蓝色。

23

天蓝色
用大量水稀释蓝色，然后加入黄色，以免海蓝色变成紫色。黄色不能加多，以免影响天蓝色。

24

钴蓝色
使用强烈但不透明的蓝色加上一点点黄色进行调节，就像上面的颜色所示，最后调制成有点发紫的蓝色。

25

群青
就向蓝色颜料里加点水，保持蓝色的稠密和色度。

26

深蓝色
加入黏稠的蓝色，加入少量的胭脂红和黑色。将此颜色转换为靛蓝，只需增加胭脂红的量。靛蓝是一种非常黑暗的色调，介于蓝色和紫色之间。

27

紫红色
蓝色和胭脂红混合，胭脂红占比较多，再加入大量水，然后让纸张的白色充分吸收颜料。

28

紫色
在胭脂紫中加入群青和胭脂红。

29

中灰色
用水稀释黑色和白色。

30

深中灰色
在中灰色中加入更多黑色。

31

温暖的中灰色
从中灰色开始，添加少量黄色和胭脂红，以表现温暖的底色。

32

冷中灰色
创建一个中间灰色并添加一点蓝色。

33

深灰色
在冷中灰色中加入一点黑色。

34

黑色
直接从颜料管中挤出即可，颜料管里的颜料足够稠密，不透明但也不能太粘稠。

35

在调配这些颜色时，你需要按照每个颜色的书面说明和所述顺序来调配，以便按照有序步骤调配出上述颜色。

除了要展示你如何通过将三种基础色和两种非染色质颜色混合得到多种颜色，你还需要练习耐心以及集中注意力。你需要长时间全神贯注专注于这一件事，也可以一边听着你喜欢的音乐。

colaure
pencils

3 R D M O D

ULE

03 彩色铅笔

彩铅用法

在熟悉了色彩理论之后，我们将介绍其他的绘画技巧，这些技巧对那些准备从事时尚艺术事业，或想要更专业地为时尚人物画稿添加色彩的人会有所帮助。学习这些技术，可以有助于人们克服对彩铅的恐惧心理。如果害怕弄脏纸面，不知道怎么处理颜色，不知道该选什么颜色，灵感可能会转瞬即逝。然而，只要掌握正确方法并多加练习，任何人都能画得很好。

工作的时候一定要冷静，全神贯注，基础练习不能跳过或者太快完成，这样才能绘制出更精致和令人满意的作品，这需要持续、认真的训练才能打下更坚实的基础。

新课程首先分析必要的材料，包括纸和硬彩色铅笔，使用技巧与石墨铅笔相同。然

后我们将继续使用水彩笔、马克笔和混合技术。要购买所需的材料，我建议您前往一个品种丰富，上新速度快的艺术品商店，并向经验丰富的员工寻求帮助。最好不要一开始就购买昂贵的用品，因为个人偏好不能帮你做出正确的选择。

技巧和材料

材料细分

材材料分为三类：干燥型、湿润型和混合型。干燥型材料不能与水或其他溶剂混合，但自身可以相互混合。主要包括黑色或彩色铅笔、Sanguine铅笔、Contéà Paris铅笔或炭笔、粉笔、蜡笔和马克笔等。湿润型材料可以与不同的溶剂混合，如水、酒精、亚麻油、松节油等。包括石墨铅笔和水彩铅笔、水彩、蛋彩、丙烯颜料、水粉、油彩、水基和油基蜡笔，以及水性或酒精马克笔。混合型材料结合了多种材料，包括干燥型和湿润型。

不过，在计算机图形学的时代，绘画是否仍然很重要？

这个问题可以引发激烈的讨论，但如果设计师擅长手绘插图，不是多了一个竞争优势吗？掌握绘画技巧意味着拥有更多的艺术技巧，能够有效地在纸上展示任何想法，以及草图和更复杂的绘画的即时性，人手的"温暖"，绘画即兴创作的新鲜感和需要混合材料以确保难以获得虚拟结果。与此同时，设计师也应该与时俱进，了解如何将纸质作品转换为数字格式，以便在计算机上进行进一步处理。

纸

纸张具有不同的质量等级、重量和其他属性，每种都有不同的价格。了解它们的特性非常重要，因为它们会影像画面效果。纸张的重量是以克为单位，数字越大纸越厚，越耐用。纸张可以是光滑的、粗糙的，或含有不同量的棉絮，或由其他天然或人造纤维制成。一张纸的价格取决于所有这些因素。绘制简单的草图，您只需要用A3或33×48大小的普通绘图板，使用光滑或半粗糙的纹理纸。对于更重要的项目，最好根据您计划使用的绘图工具选择不会泛黄的纸张。平滑或粗糙的Fabriano的A2和A4纸在美术学校被广泛使用，适用于普通的绘制方式。但是，如果您想使用水彩或混合型材料，这种纸很容易被划伤并产生孔，因为它们非常轻薄。一般来说，使用水彩铅笔和其他水彩技术时，高吸水性、中等质量的纸张是最好的。使用马克笔时，建议使用低吸水性纸张，便于上色。

彩色铅笔

彩色铅笔的用法与石墨铅笔一样，但是彩铅有颜色，因此可以更好地加强绘图的表达效果，改变色调。同时，彩铅适用于所有类型的纸张。彩铅有两种类型：硬质彩铅和干性彩铅，它们均不溶于水。不同品牌的彩铅，密度不同，软硬度也不同。不管是哪种彩铅，在光线笔足的地方颜色都明亮稳定，都是柔和的，略带蜡状的颜

色。彩铅由粘合剂和通过化学物质固定在木棒内的纯色颜料组成。它们的绘制效果和成本与它们所含纯颜料的质量成正比。市面上有很多不同品牌、不同价格的彩铅，包括Faber-Castell®、Contè®、Koh-I-Noor®、Lyra Rembrandt®、Stabilo Softcolor®和Derwent®等。干性彩铅非常适合绘制袖口草图、线性设

计，能画出更多细节；它们绝对是超现实主义绘画的必需品，并且很容易与其他介质结合使用。我不建议初学者从一开始就买昂贵的彩色铅笔，可以先尝试各种品牌的散装铅笔，然后根据经验和需求选择适合自己的产品。

基本配件和画法

图形细节

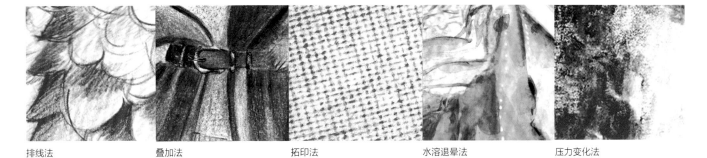

排线法　　　　　　叠加法　　　　　　拓印法　　　　　　水溶退晕法　　　　　压力变化法

存放方法

彩铅非常坚硬，最好放在金属容器中存放。不要将它们放在柔软的铅笔盒中，因为它可能会折断铅笔或把铅笔弄脏。

基本配件

基本配件包括不同种类的纸张，如光滑或带纹理的白纸和彩纸、描图纸；文具盒，至少18种颜色的彩铅；铅笔刀、美工刀、软硬橡皮；一个用于存放图纸的文件夹，按时间顺序放置可以看到自己的进步；用白色纸巾分隔图纸，并喷上定画液进行保护。

适用于时尚人物的技术示例

这些图纸是用彩色铅笔提供的一些可能的技术创建的，例如：排线法，叠加法，拓印法，水溶退晕法，压力变化法的即时草图。以下页面将演示正确执行它们的过程。

彩色铅笔盒

褐色和暖色

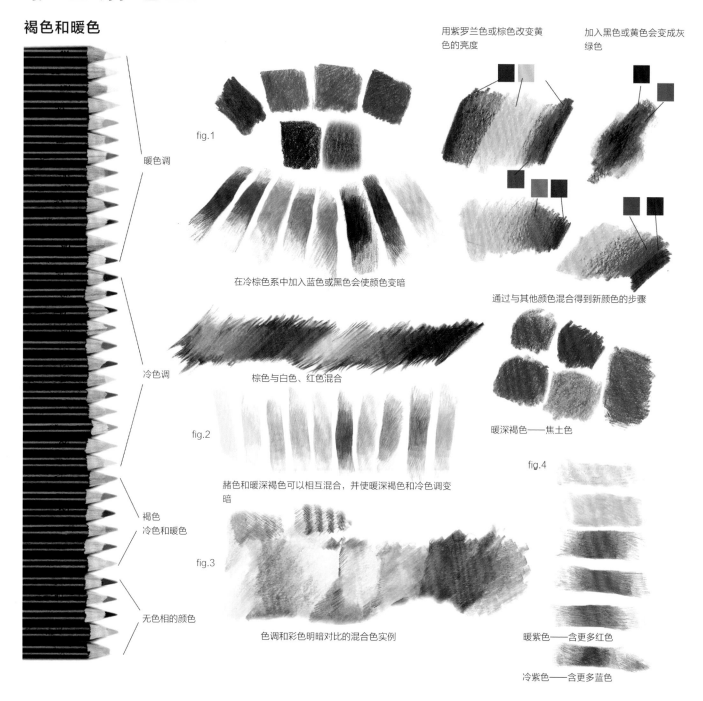

用紫罗兰色或棕色改变黄色的亮度

加入黑色或黄色会变成灰绿色

暖色调

冷色调

褐色
冷色和暖色

无色相的颜色

fig.1

在冷棕色系中加入蓝色或黑色会使颜色变暗

通过与其他颜色混合得到新颜色的步骤

棕色与白色、红色混合

暖深褐色——焦土色

fig.2

赭色和暖深褐色可以相互混合，并使暖深褐色和冷色调变暗

fig.4

fig.3

色调和彩色明暗对比的混合色实例

暖紫色——含更多红色

冷紫色——含更多蓝色

想象一下，打开一个装有36支彩色铅笔的盒子，你的第一印象一定是里面美丽的颜色。仔细观察它们，你会注意到它们分为暖色、冷色和无色相。Fig.1说明了混合在一起并相互变暗的大地色调，加上蓝色和黑色。Fig.2是颜色相似的暖色调混合，fig.3是相同颜色和一些冷色调的混合。可以表现一种全新的色彩色调和谐。右上角展示了使黄色和其他颜色（黄色占比较多的颜色）如橙色、赭色变暗的方法，步骤以及一些说明。注意不要用黑色

使这些颜色色调变暗，否则会变成偏绿的颜色。请使用紫色和棕色调暗它们。图4是粉色，红色，暖紫色和冷紫色。要减轻所有颜色，就要减轻下笔力度。混合颜色时，请始终牢记40色图表，以便更好地将它们组合在一起。

fig.5

用类似但更暗的颜色调低光度。红色和黑色可表现最黑暗的阴影

冷色和中性色

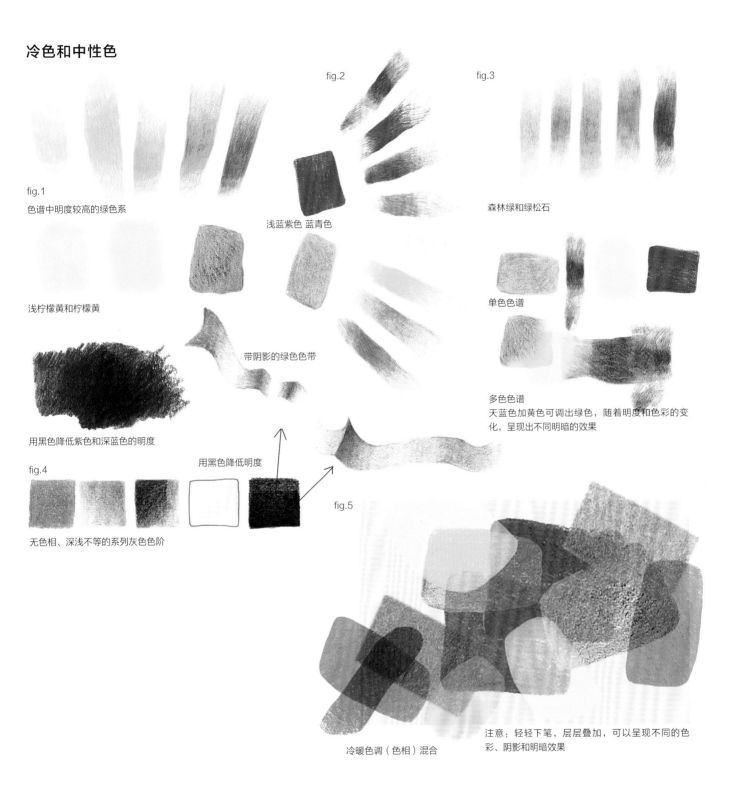

fig.2

fig.3

fig.1
色谱中明度较高的绿色系

浅蓝紫色 蓝青色

森林绿和绿松石

浅柠檬黄和柠檬黄

单色色谱

带阴影的绿色色带

多色色谱
天蓝色加黄色可调出绿色，随着明度和色彩的变化，呈现出不同明暗的效果

用黑色降低紫色和深蓝色的明度

用黑色降低明度

fig.4

fig.5

无色相、深浅不等的系列灰色色阶

冷暖色调（色相）混合

注意：轻轻下笔，层层叠加，可以呈现不同的色彩、阴影和明暗效果

前面提到过，蓝色加黄色会变成绿色，此时如果加入红色可使色调变暖，而在不同明度下逐渐加入黑色，则可以呈现不同阴影效果。事实上，色卡中的每种颜色都可以根据不同比例相互混合。注意控制用笔力度，可以更精准地表现出色彩深浅和阴影效果。单色服装的透视图细节如右图所示。

同种色相在透明织物上能呈现不同的明暗效果

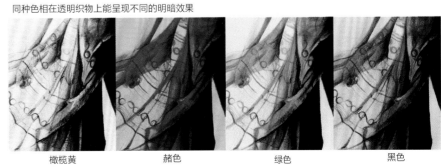

橄榄黄　　　　　　赭色　　　　　　绿色　　　　　　黑色

技巧练习：手部灵活度和明暗阴影

水平线条

曲线、波浪线

开放线条
封闭线条
圆圈
短划线
点
阴影线
点阵
方向变化

阴影色调　　　　即兴素描

锻炼手部灵活度

在复印纸或素描纸上，保持手部高度，先轻轻地画两条相邻的同种色调水平线，然后在垂直和对角方向重复画同样的水平线，直到填满所有空白，接着换一种颜色，画波浪线、曲线、虚线、单独和交叉的短线、邻接的对角短线和人字形图案、同心圆，以及你能想到的任何图案，重复不断地画，线条越来越近。

使用不同的色调，下笔由轻到重，再由重到轻，反复进行这种练习。这有助于控制下笔的力度。

绘制排线法

加排线法对艺术家来说是一种非常重要的技巧，因为它不仅可以增大图像体积，还能通过上千种图案呈现出纹理感。排线可以很简单，如果只由单组平行线条组成，阴影部分的笔触相对密集，亮度和精细度高的区域则轻轻下笔。当阴影区域亮度区重合时，使用混合技巧，从相对较粗，笔墨浓厚的线条开始，画出一种高密度不规则的波浪，取决于使用的铅笔类型。刚开始想要画好阴影有点困难，但是经过大量的练习你就会掌握这一技巧了。

纹理和材质

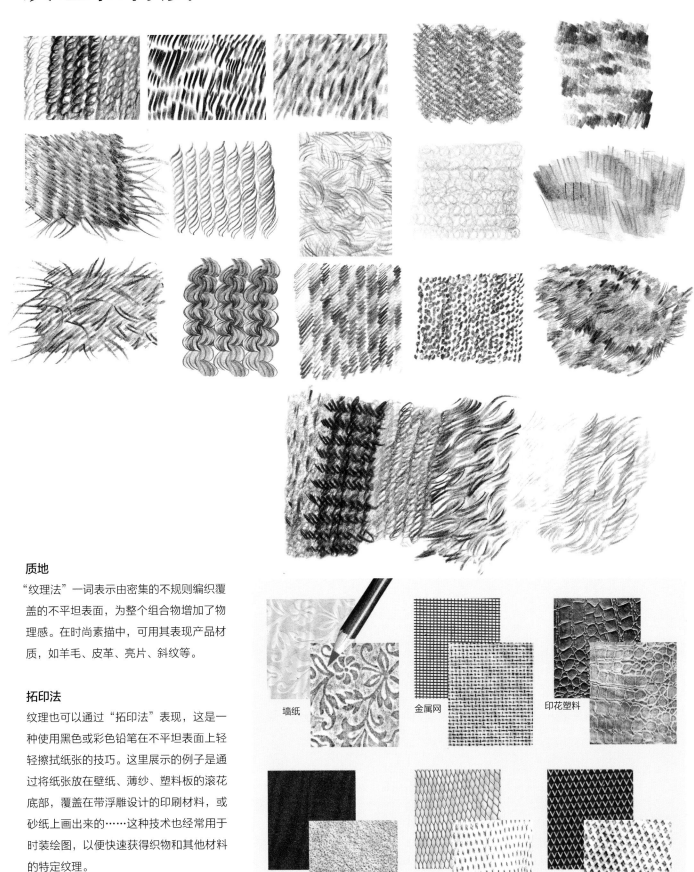

质地

"纹理法"一词表示由密集的不规则编织覆盖的不平坦表面，为整个组合物增加了物理感。在时尚素描中，可用其表现产品材质，如羊毛、皮革、亮片、斜纹等。

拓印法

纹理也可以通过"拓印法"表现，这是一种使用黑色或彩色铅笔在不平坦表面上轻轻擦拭纸张的技巧。这里展示的例子是通过将纸张放在壁纸、薄纱、塑料板的滚花底部，覆盖在带浮雕设计的印刷材料，或砂纸上画出来的……这种技术也经常用于时装绘图，以便快速获得织物和其他材料的特定纹理。

墙纸

金属网

印花塑料

砂纸

水果网

塑滚花料

临拓实例

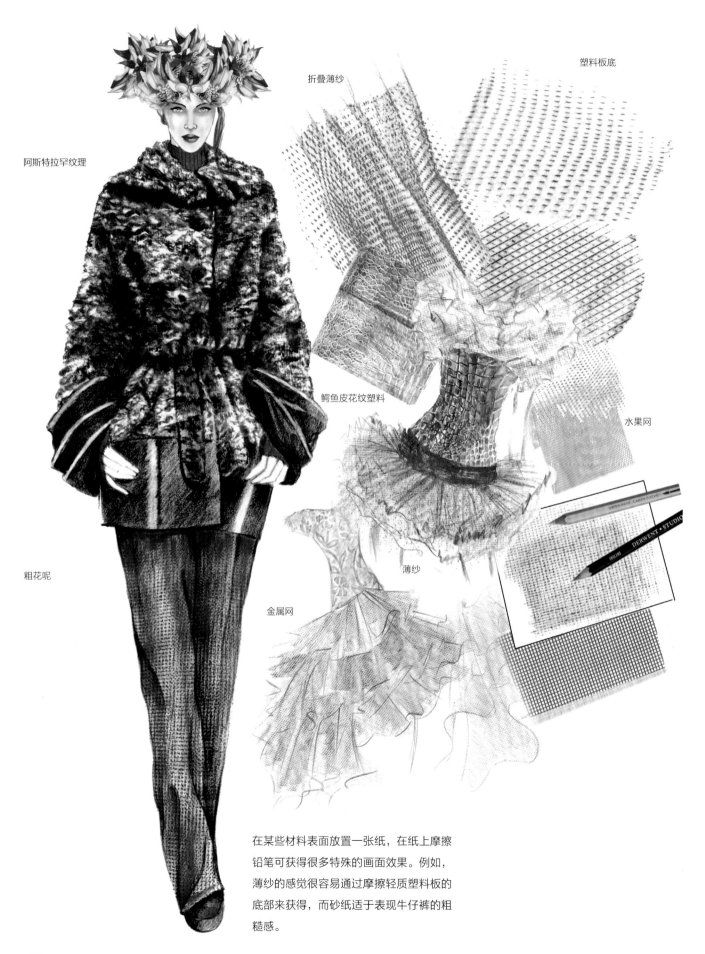

折叠薄纱

塑料板底

阿斯特拉罕纹理

鳄鱼皮花纹塑料

水果网

粗花呢

薄纱

金属网

在某些材料表面放置一张纸，在纸上摩擦铅笔可获得很多特殊的画面效果。例如，薄纱的感觉很容易通过摩擦轻质塑料板的底部来获得，而砂纸适于表现牛仔裤的粗糙感。

阴影

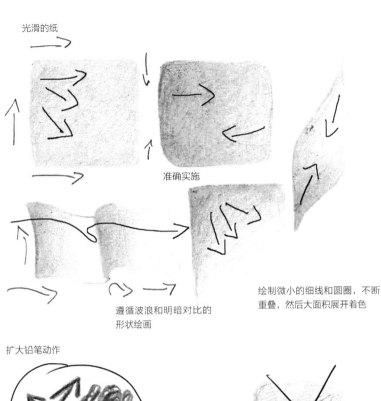

光滑的纸

准确实施

遵循波浪和明暗对比的
形状绘画

绘制微小的细线和圆圈，不断
重叠，然后大面积展开着色

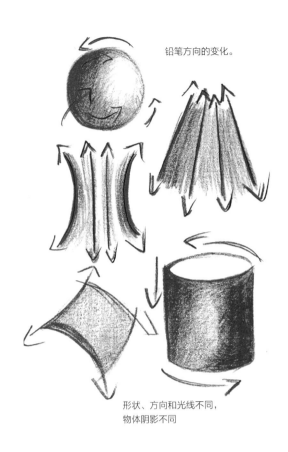

铅笔方向的变化。

形状、方向和光线不同，
物体阴影不同

扩大铅笔动作

错误，不一致，
马克笔是可见的

错误，马克笔变成不可风的

着色时注意控制笔触

铅笔必须遵循着色的形状

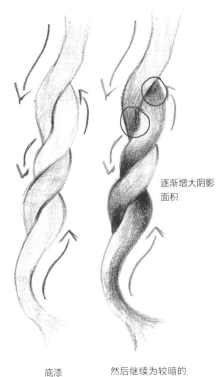

底漆

然后继续为较暗的
区域添加更多颜色

逐渐增大阴影
面积

着色步骤最能展现彩铅的魅力，因为色调在各个步骤中巧妙地融合，色调柔软，画面效果真实、自然。在粗粒纸上着色，可表现出纹理和阴影；在光滑的纸张上着色，可获得更均匀的效果。从技术上讲，阴影是通过绘制微小的重叠标记（如破折号和圆圈）将其逐渐分布在整个表面上创建的，始终遵循其所表示的形状和体积。本页展示了如何通过创建均匀的着色，遵循明暗对比或步骤来实现正确着色的示例，如顶部浅蓝色。重要的是在同一阴影区域内避免出现裂缝或压力变化的迹象。明暗对比必须始终精致、柔软，并且在绘制时非常精细。重叠的马克笔颜色必须是不可察觉的，就像你描绘的是雾一样。

单色底纹练习

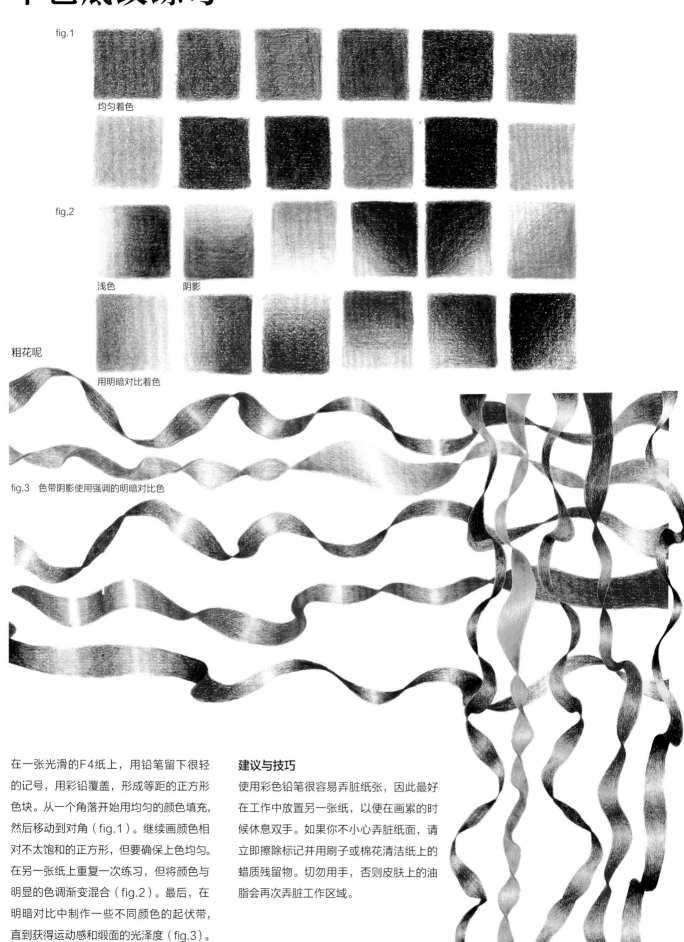

fig.1

均匀着色

fig.2

浅色　　　　阴影

粗花呢

用明暗对比着色

fig.3　色带阴影使用强调的明暗对比色

在一张光滑的F4纸上，用铅笔留下很轻的记号，用彩铅覆盖，形成等距的正方形色块。从一个角落开始用均匀的颜色填充，然后移动到对角（fig.1）。继续画颜色相对不太饱和的正方形，但要确保上色均匀。在另一张纸上重复一次练习，但将颜色与明显的色调渐变混合（fig.2）。最后，在明暗对比中制作一些不同颜色的起伏带，直到获得运动感和缎面的光泽度（fig.3）。

建议与技巧

使用彩色铅笔很容易弄脏纸张，因此最好在工作中放置另一张纸，以便在画累的时候休息双手。如果你不小心弄脏纸面，请立即擦除标记并用刷子或棉花清洁纸上的蜡质残留物。切勿用手，否则皮肤上的油脂会再次弄脏工作区域。

镜像图案

镜面图案以蓝色和绿松石色调，加入黑色混合，形成最暗的阴影

暖色调和冷色调的多色镜面图案

蓝色、粉红色、绿色和紫色的多色镜像图案

练习绘制镜像图案可以提高手的灵活度。重复图案时，始终从纸张顶部开始着色。切勿擦拭颜色，以免弄脏纸张。通过调整下笔力度，手绘出各种形状，勤加练习，你的手指就会变得很灵活，绘出的线条会更为轻盈。

用色调明暗对比法增强褶皱层次感

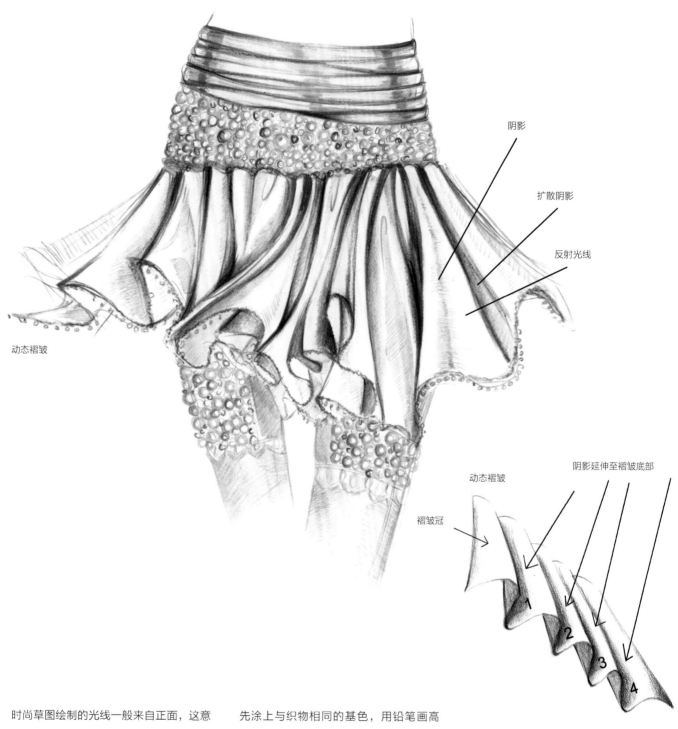

阴影

扩散阴影

反射光线

动态褶皱

动态褶皱

阴影延伸至褶皱底部

褶皱冠

1

2

3

4

时尚草图绘制的光线一般来自正面,这意味着每个褶皱下都有明显的阴影。光线、直接阴影和更暗的延伸阴影的相互作用决定了褶皱的层次感。直接阴影是那些属于褶皱本身的阴影,而延伸阴影是褶皱在其下面投射的阴影,位于下方。通常来讲,光线会在褶皱的曲面顶部反射,这是褶皱中最突出的部分。在表现明暗对比时,你需要用铅笔轻轻按压并缓慢加强压力,绘制褶皱后继续褶皱。如果织物是彩色的,

先涂上与织物相同的基色,用铅笔画高光,因为反射光使褶皱变浅。然后,返回到已经着色的褶皱处,下笔重一点。如果褶皱非常深,到光线无法通过的程度,则需要借助补色或渐变颜色使基色调变暗,直到在纯阴影中变黑。最难表现的褶皱是动态或起伏的褶皱,要想巧妙地逐渐通过色调明暗对照法上色,必须要表现出织物的柔软和摆动轨迹。

练习

(1)临摹任意一幅或多幅作品。

(2)阅读时尚杂志,选择并准确地再现连衣裙的细节、褶皱和独特类型的面料的运动。

(3)练习绘制不同褶皱,如垂褶、褶边等,然后练习绘制不同材料的褶皱,从不透明材料到缎面、丝绸,光泽皮革等更光亮的材料,以提高技巧。

垂褶、打结、紧凑结和绝对明暗对比法

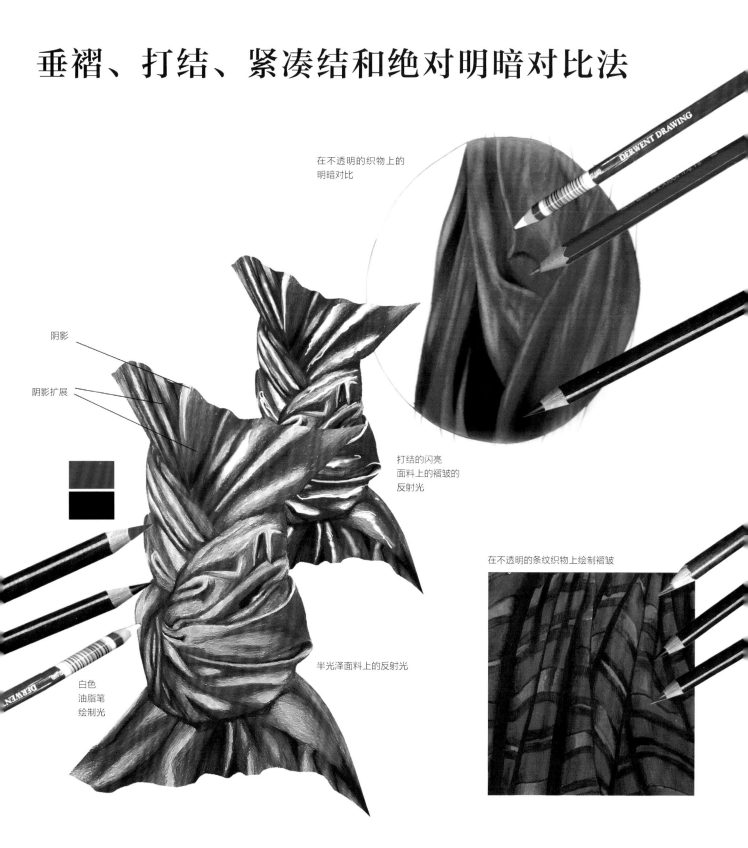

在不透明的织物上的明暗对比

阴影

阴影扩展

打结的闪亮面料上的褶皱的反射光

白色油脂笔绘制光

半光泽面料上的反射光

在不透明的条纹织物上绘制褶皱

本页的服装细节是使用明暗对照法或超现实主义技术完成的，因为我们希望我们所着色的服装看起来真实。绘制这样的画面时，你需要从一开始就使用柔软的油脂笔，这些铅笔可以混合并压缩在一起，以实现颜色和图画的过渡。然后，为了表现细节并增强层次感，请使用质地更硬，能

绘出更精确符号的卡朗达什牌铅笔。为了照亮不透明或半光泽的面料，我推荐使用得韵牌的白色铅笔，它相当柔软，这里用于绘制和表现红色垂褶和修剪的彩色结。如果面料像背景中的紫色一样有光泽，你需要更深的白色来模仿光线，如印度墨水或蛋彩画。由于有色颜料的厚度，不建议

擦除。如果非要擦除可使用硬橡皮擦，否则颜色很可能晕开。

俏皮感褶皱

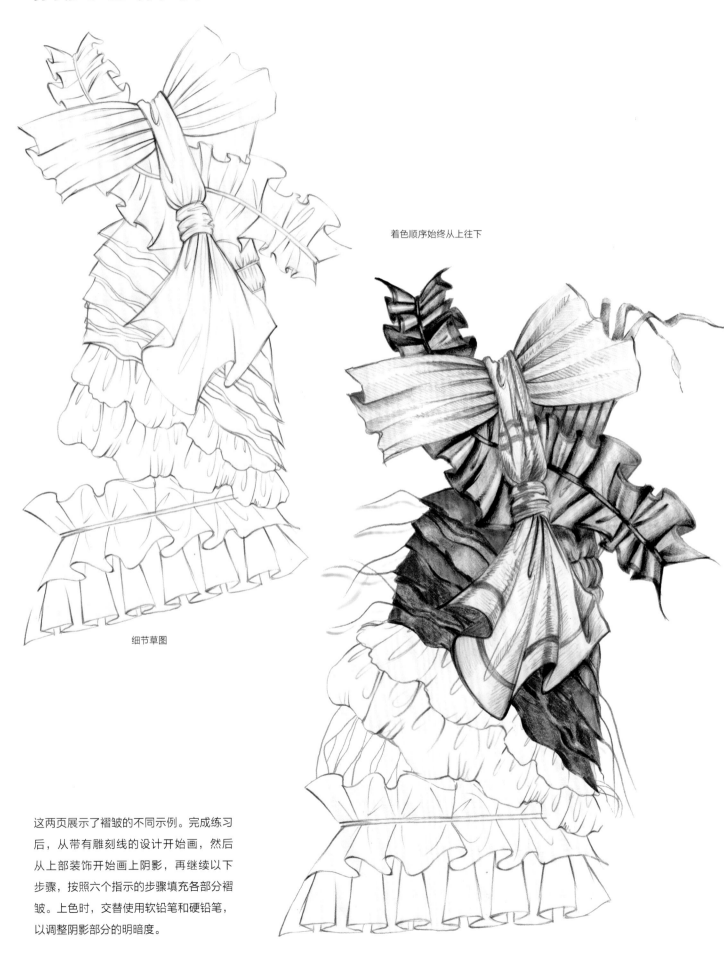

着色顺序始终从上往下

细节草图

这两页展示了褶皱的不同示例。完成练习后，从带有雕刻线的设计开始画，然后从上部装饰开始画上阴影，再继续以下步骤，按照六个指示的步骤填充各部分褶皱。上色时，交替使用软铅笔和硬铅笔，以调整阴影部分的明暗度。

图纸现已完成。现在不用注意线条和阴影
等，它们会随着织物运动，随后绘制阴影
最多的部分，最后，确定褶皱及其深度。

调配新颜色

技巧建议

要调配新颜色，其实不需要用到大量的铅笔。要学习调配新颜色，最好的方法莫过于尝试还原图片或杂志中见到的颜色。

通常来说，中性底色不应太浅或太深。这种颜色将作为底层颜色涂满整张纸，以便之后的颜色上色。为了忠实地再现它们的色调，你可以使用一个方便的技巧：沿着小块纸的边缘混合颜色，比较创建的颜色和原始颜色，如下页图的图1所示。下页的图像是在粗糙的厚纸上制作的，按顺序使用的颜色依次展示在图纸旁边。中性色通常不应太亮或太强，应首先应用于任何地方，接下来它将作为辅助的颜色，以混合物的形式添加到色层最上方。最后，用铅笔加大下笔力度加强最暗的阴影。

练习

临摹图纸，密切注意线条的柔和度，并精细校准阴影。Fig.1的嘴。先在一张小纸条上调配颜色，然后把纸条放在要还原的颜色旁边。对比之后如果相同，则在绘画中使用。嘴唇的颜色一般较深。Fig.2背景的绿色是纸张的颜色。着色透明面料意味着有意识地施加下笔力度，同时让下面的身休显露出来。从浅绿色开始，逐渐增强并与棕色混合，然后加入黑色，绘制浓密的阴影。

Fig.3展示了眼睛的细节。绘制者先用紫色铅笔按照眼睛的形状涂抹，然后用紫水晶色使其变暖，再用绿色使其变冷，随后用乳白色黑色调暗。最后，交替使用软质和硬质的铅笔，画出黑色睫毛。还可以表现出从眼睛内部投射的微弱阴影，增强凝视的感觉。瞳孔中的白光是蛋彩色。Fig.4展示了经典立体裁剪。绘制者从金黄色开始，沿着帷幔的图案将其铺在橙色织物上。然后用橙色和红色加热，在黑暗的阴影下用棕色和黑色变暗，调节手握笔的力度。对于织物的蓝色，先用天蓝色覆盖整个空间，在褶皱深处用浅蓝色和蓝色进行拉伸。在直接和延伸的阴影中变黑。然后，使用外部柔软的白色铅笔获得光反射，延伸到天蓝色。最后绘制更明显的灯光和阴影。

Fig.5服装模特细节。整张纸底色是柔和的粉色，然后从粉色开始，逐渐加深，变成李子色，深棕色，黑色。

fig.1

纸条，10cm×3cm

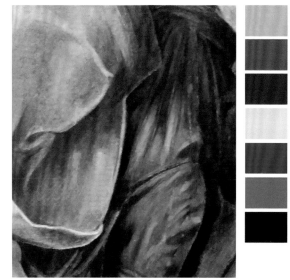

fig.4

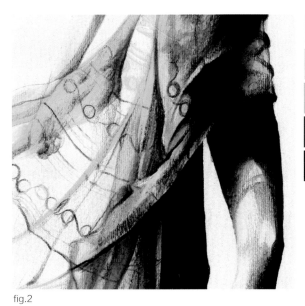

fig.2

fig.5

fig.3

肤色

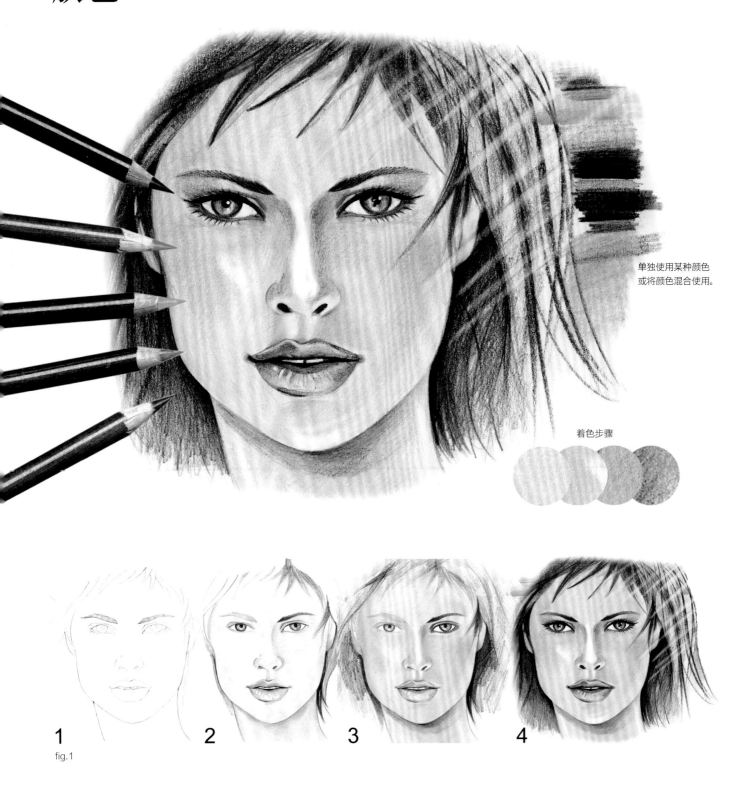

单独使用某种颜色
或将颜色混合使用。

着色步骤

1   2   3   4

fig.1

肤色通常由相似色度的颜料混合而成，比如用赭色、焦土色、肉粉色、红色混合，逐渐加深颜色（fig.1）。要使肤色自然真实，就要避免用黑色加深皮肤颜色。上色时，要注意改变笔触的方向，按照面部的解剖结构，从肤色最浅的地方开始上

色，接着逐块区域加深，格外关注细微之处。眼睛应该是最后上色的。在给面部上色时，唇部应该逐步加深，用细腻明显的色差和色调的细微差别表现出嘴唇的丰满。在这个例子中，头发几乎没有画出来，颈部后面的区域已经变暗，带有相当

明显的阴影。通过简单地用橡皮擦除的方法，表现头顶的光线。这里介绍的方法经常在绘制特写时使用。不断练习后，你可用自己的风格重新绘制这个作品。

初学者作品（一个月练习后）

吉丽亚·贝利亚

温雅希·何

丽贝卡·托内利

玛利亚·迪·吉欧娜

初学者作品

尼古拉·塔力妮

玛利亚·迪·吉欧娜

维多利亚·巴莎蓓

这些作品是初学者在艺术学习中的第一年，通过一个月的练习完成的。考虑到此前他们从未使用过彩色铅笔，这样的成绩相当出色。

老虎的脸使用彩铅和粗纹理纸
超现实主义技巧
斯黛拉·坎茜拉瑞奥·达雷娜

老虎的超写实画作是用软芯铅笔画皮毛，硬芯铅笔画细节（比如鼻子上的短毛）。用锋利的美工刀来刮掉浓重的颜料就可以表现出白色的胡须。通过锋利的美工刀刮掉浓密的颜色来表现白色的胡须。然后用非常细的刷子，使用白色印度墨水将所产生的"裂缝"着色。背景是用油画棒完成的，根据色调协调度选择，与搅拌棒混合。这幅画看起来很不错。（右边是各种白色笔，可以用来绘制图中的高光。）

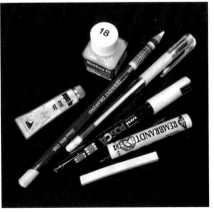

白色材料

使用铅笔绘制面部

在粗糙的纸上用赭色画草图

在一张粗糙的纸上，先用深棕色铅笔画出柔和的线条，然后在脸部和背景中逐渐着色，混合赭色、米色、橙色、棕色和红色（嘴唇）。耐心地用更深的颜色，增强面部层次感，如表现面部特征，或描绘头发一绺一绺的质感。在较暗区域需要调整下笔力度。明显的亮点和阴影应该在最后加强。为了进一步突出头发中的亮点，请使用铅笔轻擦，直接表现出发绺的反光。完成绘图后，使用定型喷雾保护画面。

楔形袖练习

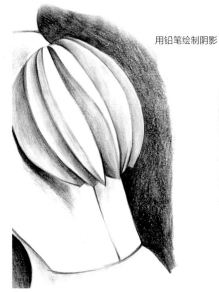

用铅笔绘制阴影

绘制血红色背景

最终成品

着色之前，需要完善每个细节。我建议在一张单独的纸上画出细节，以免反复擦除弄脏纸张。你可以先用颜色很浅的笔，如赭色笔绘画。要画出这个楔形袖子的阴影，要在画好楔形后着色，留下反光处需要上白色的区域。在延伸阴影中仔细描绘阴影，同时在直接和延伸的阴影处加强颜色。针对鞋类作品，请以相同的方式细化每个细节。

分别用彩铅和铅笔绘制的鞋

衬衫细节

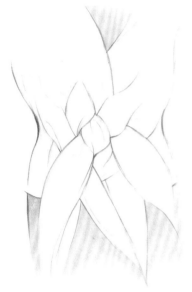

fig.1　线稿

fig.2　第一层阴影

fig.3　加深、扩散阴影

在光滑的纸上作画的流程：先用冷棕色
铅笔作基本图（fig.1），然后绘制主要明
暗对比，绘制直接和延伸阴影（fig.2）。
使褶皱下的延伸阴影变暗，并使背景变
暗（fig.3）。强烈的阴影与棕色混合在一
起，使色调偏暖。完善各个细节，最后用
硬铅笔勾边（fig.4）。

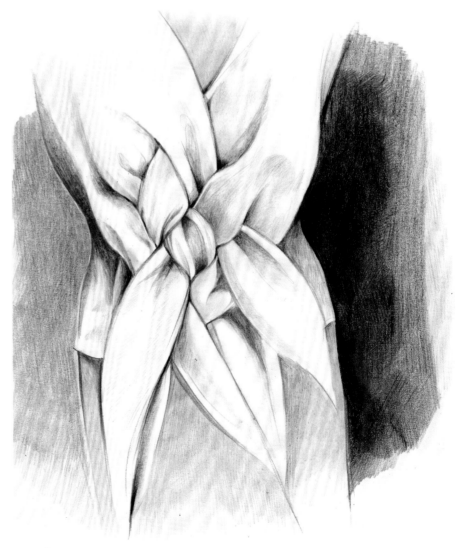

fig.4　成品

垂褶条纹围巾

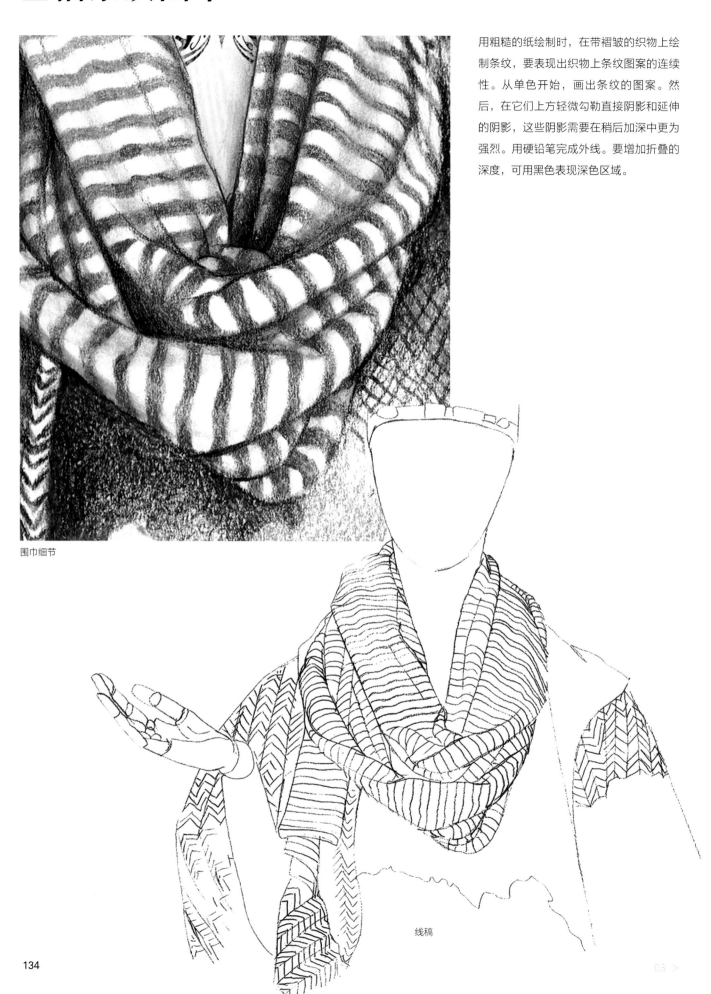

用粗糙的纸绘制时，在带褶皱的织物上绘制条纹，要表现出织物上条纹图案的连续性。从单色开始，画出条纹的图案。然后，在它们上方轻微勾勒直接阴影和延伸的阴影，这些阴影需要在稍后加深中更为强烈。用硬铅笔完成外线。要增加折叠的深度，可用黑色表现深色区域。

围巾细节

线稿

此图中的背景和外衣是在电脑上绘制完成的。立体感来自较浅和较暗区域的对比。

牛仔布背包与临拓

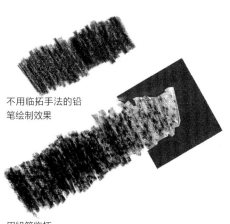

不用临拓手法的铅笔绘制效果

用铅笔临拓，
在纸下放一张砂纸

手移动时的不同力度

步骤

将轻质、光滑的纸张，放在一
块粗糙的砂纸上。

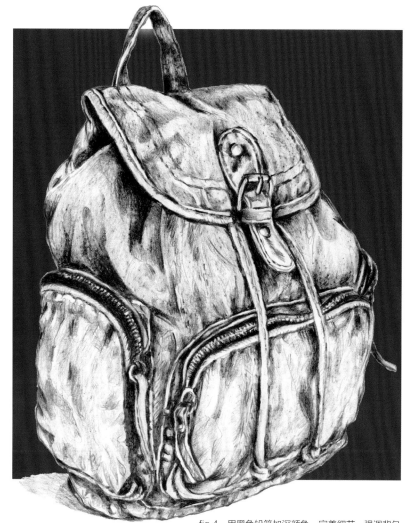

fig.4 用黑色铅笔加深颜色，完善细节，强调背包
的层次感

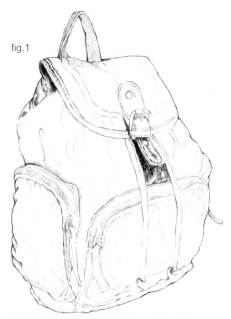

fig.1

画线稿，在背包的不规则部分添加一些织物效果

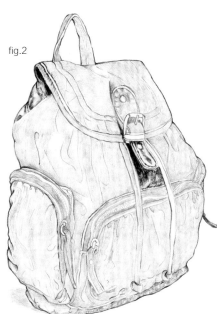

fig.2

初步绘制明暗对比效果

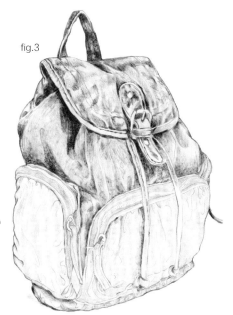

fig.3

增加铅笔的使用力度，使阴影更加强烈

网球鞋

笔触细节

线稿及基础明暗对比

用笔颜色

白色的尤尼波斯卡®笔或中性笔可以画出自然过渡

在浅色、半粗糙的纸上，绘制基础设计并继续逐渐增强浅色阴影。牛仔面料非常粗糙，可用明暗对比表现这种质感，然后将纸张放在砂纸上，用铅笔进行磨擦。最后一步，使用尤尼波斯卡®笔马克笔绘制接缝的白色。

牛仔外套绘制步骤

从下往上绘制纹理

草图

用铅笔绘制阴影

在半粗糙的纸上，用棕色铅笔创建图形。将人物头发分成绺，然后从更深色的头发区域开始绘制。为人物脸部添加颜色并定义面部特征，突出脸部表情和嘴唇的丰满。夹克的牛仔布通过与先前附图相同的技巧绘制。要用石墨铅笔重现图形，请使用HB铅笔作为中间色调，用2B铅笔表现更明显的阴影，4B铅笔表现更暗的阴影区域。保持铅笔的特性，替代硬铅笔与软铅笔的不足。

用更强烈的相似色调
绘制部分阴影

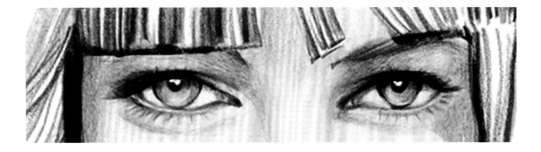

图像与临拓

墙纸

印花
塑料片

金属网格

除了练习绘制人物插画以外铅笔还可以用来绘制时装速写，如本页中的设计。通过临拓将不同的图案复制在薄纸上，再应用于服装设计中。

第一个人物有三种印花：衬衫的棋盘格、无袖衬衫的锦缎图案和人造鳄鱼纹皮革的裤子。用硬棕色铅笔制作的几条线完成绘图后，可以很快获得成品。

衬衫和牛仔裤

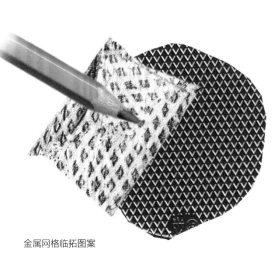

金属网格临拓图案

牛仔裤阴影

检查印花棉质衬衫和水洗破洞牛仔裤。第二种织物变化是通过混合技术在粗糙、轻质的纸上实现的。衬衫上的皱褶是临拓塑料的纹理，而牛仔布的粗糙效果则是用浅蓝色绘制阴影形成的。与往常一样，最后要绘制高光和阴影。纸张的粗糙纹理有颗粒感，有助于分解、重构铅笔效果，适用于表现牛仔裤等帆布面料。

面部绘制

草图绘制

此处需要用到半粗糙的纸，棕色铅笔和紫
色铅笔来完成草图。在较暗的区域中，调
整下笔力度和绘制线条的疏密，表现出织
物的纹理。校准铅笔线条可以使草图生动
活泼。绘制时指尖距纸面3~5厘米。

使用彩铅绘制草图

在这两造型中，用同种颜色的铅笔绘制阴影，如果服装不是黑色的，最后要用黑色铅笔加深阴影，增强阴影的表现效果。运用明暗对照法绘制阴影表现人物，动作及织物质地如头发的飞扬、衣服的阴影，以及鞋子的简洁。

即兴速写

使用的铅笔

这两幅草图绘制地很快，没有擦拭的痕迹。要绘制更长的线条，将铅笔靠近下笔点，以便握笔的手可以更加灵活地操纵铅笔来变换下笔的轻重，绘制线条。用明显的粗线条来表现花朵和裤子的质地，手里像握着刀子一样握紧铅笔，用力描绘各点，然后混合颜料。

混合技术时尚素描

主要颜色

在着色时通过调整下笔力度来改变颜色的表现强度

第一色层

用潘通牌®笔绘制背景，并用手指抹开

把白色的三菱®波斯卡笔画在红色上，然后用铅笔着色，以表现各种项链的颜色

在铅笔绘出的点处混色，用食指从颜色顶端开始揉开，让画面更宽，表达效果更强，画面感更丰富

用黑色0.5自动铅笔改变图形

渐变中重叠的红色

毛发使用色调渐变中重叠的黄色。最后使用4B铅笔和铅笔，下笔力度大，运笔迅速，以使对毛皮和阴影的影响更加明显

Letraset®厚纸

适于配合马克笔使用，因为它不会吸收颜色，可以使画面不那么干。利用这种特点，表现出粉红色的背景，用手指涂抹各种玫瑰色马克笔的墨水，表现出一种绘画般的动态效果。这个人物是用软铅笔绘制的，下笔力度很重，可以将颜料粉碎混在一起。最后用0.5铅笔勾勒出黑色线条，使整体图像更具动感。

单色重叠花瓣衬衫

在光滑的纸张上使用深棕色铅笔和黑色铅笔，可表现出更强烈的阴影。上色时，利用马克笔的柔韧性和延展性，使用相同的色调单独处理每个花瓣。然后细化画面，表现出直接阴影和延伸阴影。延伸阴影越暗，从上部花瓣到下部花瓣的距离就越大。

天蓝色上衣

光滑的纸。图纸由浅蓝色，深蓝色和棕色
铅笔组成。先给头发着色，然后给脸部上
色，这里的明暗对比技术与之前的绘制方
法相同。

欧根纱衬衫

基本绘图带有第一
个颜色提示

此图需要在光滑的F4纸上绘制。先绘出
衬衫垂褶中所有褶皱的细节，然后移动到
脸部和头发上，绘制出头发一绺一绺的波
浪起伏感。为了表现出衬衫的不规则感和
紧身针织衣的垂褶细节，应先分别在各个

褶皱下绘制阴影，然后构建整体效果。使
用浅色阴影和阴影创建内部阴影。最后，
采用相同的技法，衬衫上的珍珠颜色与重
叠的白色凝胶笔重叠。完成后，通过强调
光与影之间的对比，增强立体感。

画脸

在垂褶上放大珍珠和珠宝纽扣,可以强调
细节。要给每颗珍珠增添一丝浮雕感并将
它们从布料上分离出来,只需在阴影处涂
色即可。下笔越重,颜色就越深。

蓝色大衣和闪亮的黑色皮革裙子搭配浅蓝色蕾丝

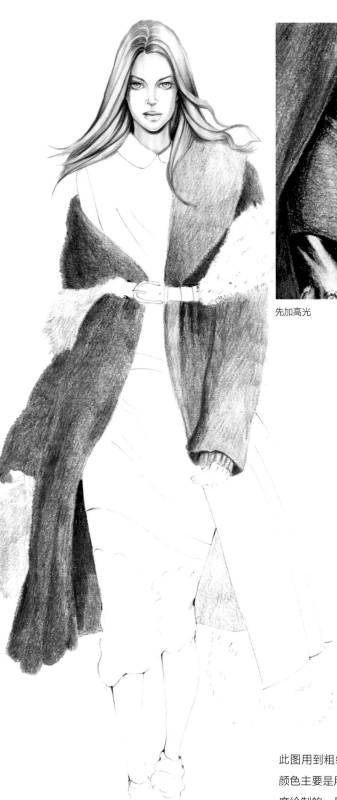

先加高光

用橡皮擦和笔绘出白光

绘制闪亮皮革和蕾丝细节

此图用到粗纹理纸和HB铅笔。外涂层的颜色主要是用蓝色铅笔使用不同的下笔力度绘制的。最后使用赭色和温暖而凉爽的棕色来细化头发和毛发。皮肤的颜色呈肉质粉红色，用不同的深浅和非常浅的棕色混合绘制，仅在椭圆形的边缘与粉红色混合，在下巴下增强头发制造的阴影。在蕾丝下方绘制蕾丝在腿上的阴影。接着，

跟往常一样，画出圆润的眼睛和丰满的嘴唇。一如既往地描绘眼睛和嘴唇的丰满。双层半身裙采用蕾丝缀饰皮革制成。皮革的闪亮质感是由条状光线表现出来的。这些光线顺着身体的形状，通过在纸张上留白和橡皮擦除额外的黑色表现出来。最后添加酞色凝胶笔用于润饰。蕾丝采用小而不规则的蓝色和浅蓝色绘制而成。

此图是用到半粗纹理纸绘制的。绘制者最后使用赭色和温暖而凉爽的棕色来表现头发和毛发。皮肤的颜色是用不同下笔力度绘制的浅棕色与肉粉红色的混合，与粉红色混合仅用于脸部边缘。面部特征就此绘制完成。

骆驼毛大衣和格子短裤

本图是用粗糙的F4纸绘制的。绘制者用
硬铅笔和软铅笔，采用混合明暗对比的方
法按顺序绘制了肉色、粉红色、赭色及其
色调渐变，用红色和黑色简化脸部。接下
来绘制头发、衬衫和短裤。为了表现大衣
的颜色，绘制者在整个画面上涂上一层橙
色，最后用棕色和黑色加强阴影。

先上色

绘制椭圆形边缘的强烈阴影和
面部特征

完整绘制具有特征和层次感的面部，
完整草图请参见下一页

这里需要用到粗纹理纸，以使颜色有颗粒感（如右图所示）。这种选择有利有弊，主要取决于设计师想要的表现效果。如果你想填充白点并使颜色更均匀，任何品牌的混合马克笔都可使用。第一种颗粒状颜色会立即变深。这是一个简单而有效的技巧，你可以在放大的图像中看到。

用软质铅笔绘制服装，硬质铅笔绘制阴影

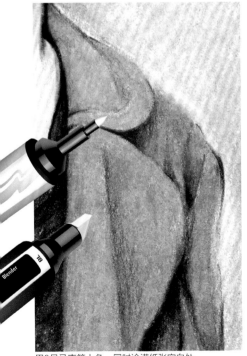

用0号马克笔上色，同时涂满纸张空白处

总结

拓印法　　　　　　　　叠彩法　　　　　　　　纹理法　　　　　　　　阴影叠加法

"拓印法"是一种绘画技巧，就是在有凸起设计或凸起纹理的材料上放一张纸，然后用铅笔在纸上摩擦，画出纹理图案。

"排线法"就是画无限接近的平行线或交叉线，这样可以在明暗对比和织物上，变现不同的明暗程度或织物质地。"压力法"就是用不同的力度按压铅笔来表现体积。

"纹理法"就是用一些符号表现出浅浮雕效果，比如紧密的不规则波浪线，这种线条是由一些小符号组成的，如句号，破折号，小圆圈，辫子图案等组成。实际上，深度没有增加，但是整体结构的层次感表现出来了。

"阴影法"能够完美展现彩铅的效果，先起稿，再涂上合适的颜色，最终完成接近现实的作品。

阿斯特拉罕人造皮草外套

混用铅笔以表现阿斯特拉罕的卷曲纹理

铅笔动作

此处需要用到光滑的纸。从人物脸部开始着色，然后是腿部，再用近似但更深的颜色绘制头发和各种色调的阴影。阿斯特拉罕夹克和下面的布艺裙子套装，需要用赭色、浅米色、棕色和黑色铅笔等交替，画出服装面料上极小的、卷曲纹理与小圆圈，重叠马克笔时需要一定的力度，这从特写中可以看出。最后，使用坚硬、尖头的赭色和棕色铅笔，用编织的方法绘制，增强织物波浪纹理的柔软度。背景使用的是深灰色和黑色马克笔，以便使纹理更为突出。

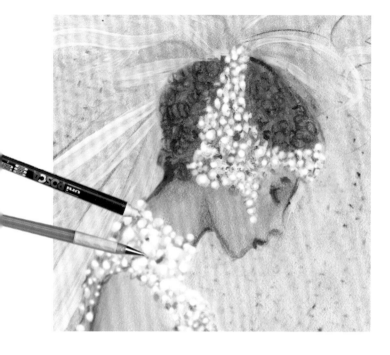

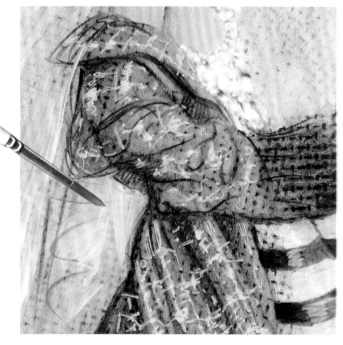

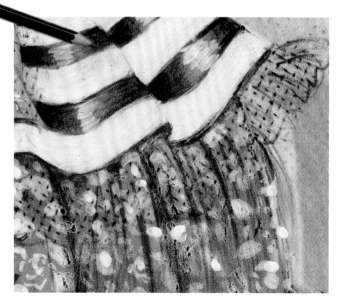

用白色铅笔和中性笔绘制蕾丝，以及紧身胸衣和帽子上的珍珠。交替使用硬质和软质铅笔绘制礼服部分，采用临拓方法得到裙子的黑色薄纱纹理，面纱用水粉色表现出来，背景用马克笔绘制，再用0号马克笔增加亮度。通过调整白色颜料的用量，可以使蛋彩色更具透明感，它的表现效果介于水彩的透明和蛋彩的厚重之间，不像水彩色那么透明，也不想蛋彩色本身那么厚重。

混纺婚纱

04 水溶彩色铅笔

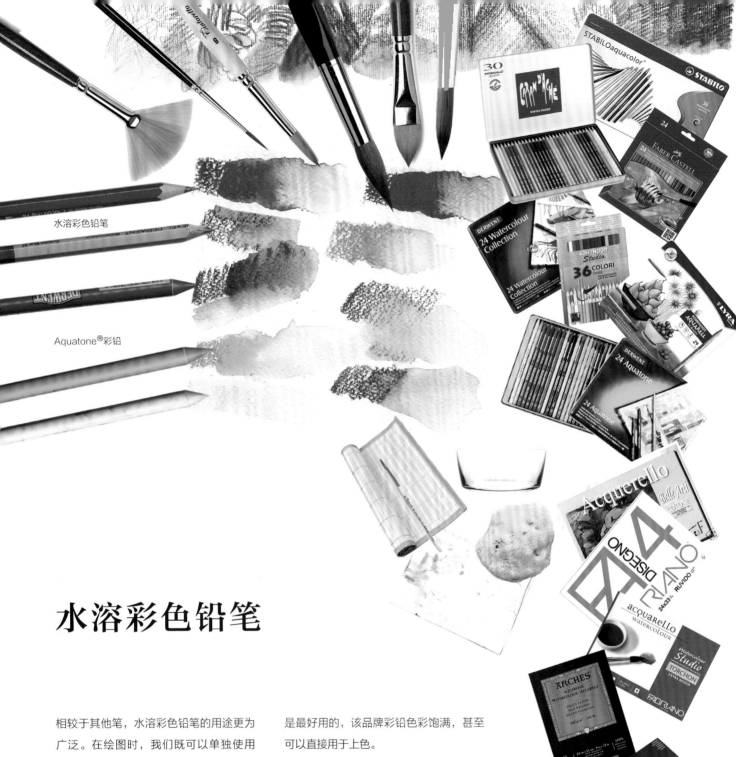

水溶彩色铅笔

Aquatone®彩铅

水溶彩色铅笔

相较于其他笔，水溶彩色铅笔的用途更为广泛。在绘图时，我们既可以单独使用水溶彩色铅笔，也可以将其与水彩，如Ecoline水彩或马克笔等一起使用。

由于这种特性，它们通常用于绘制时装草图和插图。然而，想要灵活运用这种彩铅，获得自然流畅的效果，我们需要大量的练习。在各种品牌中，质地较硬的Caran d'Ache Prismalo®获得颇多好评。这个品牌的水溶彩铅，能够在显色或洗色的水彩部分，做出清晰精准的效果；在质地较软的彩铅中，Faber-Castell®、Stabilo Original®、Koh-I-Noor®、Lyra®、Conté®等品牌性价比较高。此外，Derwent®彩铅虽然价格昂贵，但确实

是最好用的，该品牌彩铅色彩饱满，甚至可以直接用于上色。

绘画时的基本用具包括硬质水彩笔、软质水彩笔和三支水彩刷（一支02号刷，一支10号刷和一支16号刷，或者更大的刷子，以用来大面积涂色）。刷子的选择主要取决于想呈现的画面效果 [性价比较高的品牌有Tintoretto®、Easy®、Da Vinci®（所有的短柄刷），Cotman和Winsor & Newton]，此外，还可能用到吸水纸、海绵、抹布、竹垫（包裹刷子保护刷毛）、用来装水和定色喷雾的容器。画纸是表现画面效果最重要的物品，因此纸张的质量非常重要。

F4纸适用于绘制草图，如果有大面积着色

和反复上色的工序，就需要使用更厚重致密的纸张，如Fabriano Accademia®、Fabriano Esportazione®、Canson®、l'Arches®等，这些品牌的画纸是专门用于绘制水彩和插画的。

画具用法

水彩刷的多种绘制效果

fig.1

fig.2

Fig.1：水溶彩铅的上色度很好，少许笔触和少量的水即可有不错的效果。想要混合颜料的话，用笔刷在颜色未完全变成水色的时候进行即可。纸张的质地不论致密或粗糙都会影响显色结果。如果下笔较重，线条明显，那么即使加了水，线条痕

迹也不一定消失。针对这种情况，我建议可以这样做：一种颜色的着色部分不用笔刷，在另一种颜色上用笔刷加水。

Fig.2：洗色。洗色是指使用稀释颜色在一个干燥色层上覆盖另一个色层，从而使其混合。该过程可以多次重复，直到获得

想要的效果。可以通过如图所示的色块进行练习，学习这种技法。

Fig.3：洗色色块及绘制效果。用水溶彩铅在干燥的色块上绘图，可以表现织物的质感、高光、褶皱、垂褶、蝴蝶结等多种效果。请根据图例练习，试着设计出新效果。

fig.3

褶边和草图绘制

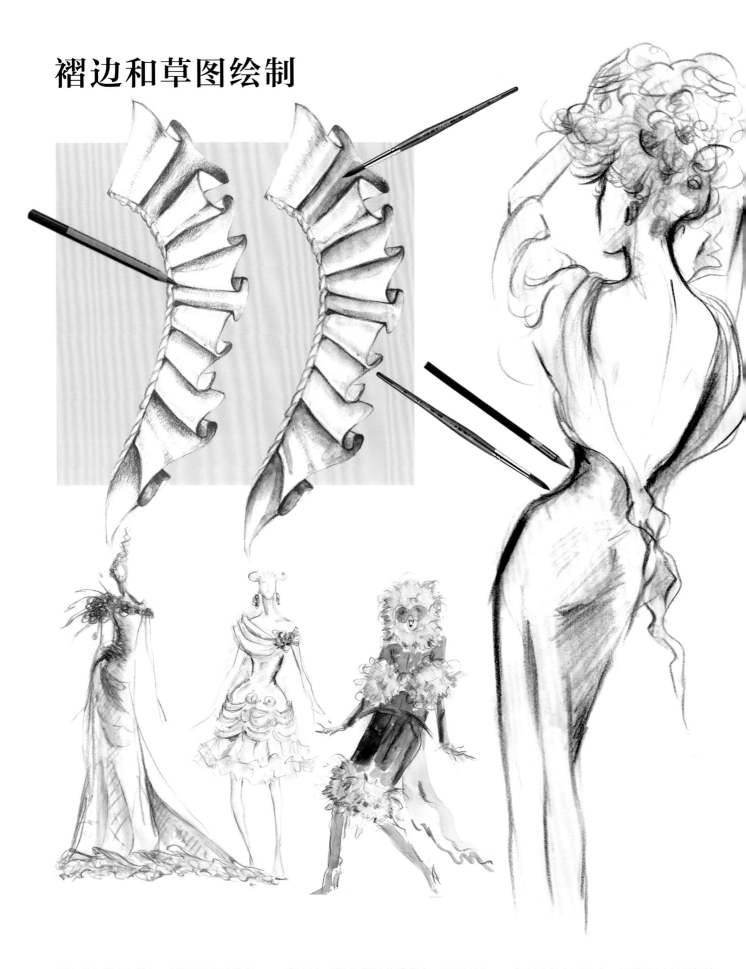

要在蓝色褶边上着色，需要用相同颜色的彩铅加深褶皱。加入非常少量的水，用刷子刷一半，使用刷子时，尽量保持笔尖垂直绘制，以保证褶边的清晰度。图纸干燥后，用彩铅加深阴影，突出褶边的明暗部分和正反面，表现出织物的立体感。

如果突然有了灵感，也可以用水溶彩铅快速绘制草图，寥寥几笔即可表现出纹理，有利于即时还原设计想法。

速写

水溶彩铅通常有两种使用方法。先在干燥纸张上绘图，然后加入水，在潮湿的纸面上继续绘制，这样可以使颜料在绘制的同时液化。除了这种传统方法外，还可以直接用彩铅蘸水绘图，这样得到的画面既有清晰线条，又有延伸阴影。此处的两个草图，分别使用了以上两种方法。需要注意的是，在湿纸上绘图时，需要表现线条的部分下笔要重；在干纸上绘图时，下笔要略轻，以此表现织物的飘动效果和纹理。

花瓣着色

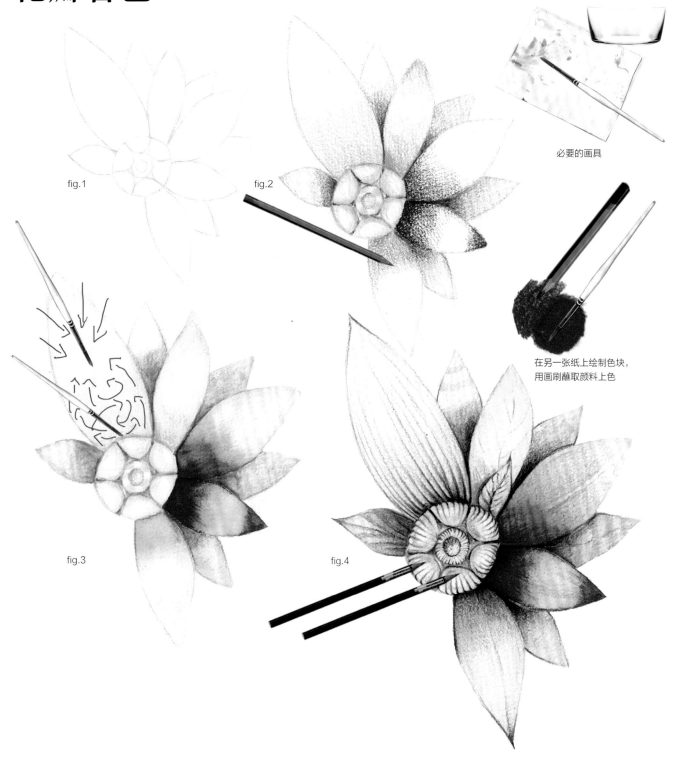

fig.1

fig.2

必要的画具

在另一张纸上绘制色块，
用画刷蘸取颜料上色

fig.3

fig.4

此练习的目的在于掌握上色技巧，控制上色面积。首先线描必须精确，笔触轻盈，以免影响整体效果。如有必要，可以先在另一张纸上画好（fig.1）。然后用铅笔画出花瓣，绘制阴影，在花心连接处下笔稍重（fig.2）。再在颜色较浅的区域加少许水，以免晕染面积过大，溢出画面。

如果晕染面积过大，应立即用纸巾擦干。

绘画时，注意向不同方向移动刷子，稀释水中的多余颜色。再用微微湿润的干净刷子，从上色的地方开始往花瓣中心画，以增加亮度（fig.3）。我们可以在另一张纸上画上色块，把它当做调色板，直接用刷子蘸取颜色。

如果不知道怎么画阴影，可以在颜色需要变淡的部分用纸巾擦拭。等到画面干燥之后，用彩铅再次涂上一层阴影，这样色彩会更饱满，阴影效果也更显著。要表现细节和纹理的话，用Carand' Ache®的Prismalo®彩铅最为理想。

这些步骤可能看起来很难（一开始肯定会有一定难度），但只要多多练习，就能很好地掌握。

水溶彩铅的其他用途

鳄鱼皮纹理图

风琴褶细节图

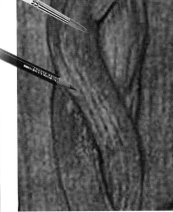

袖子细节图

编织绳结

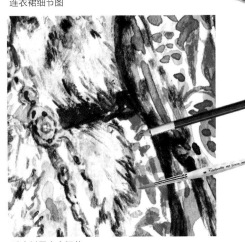

连衣裙细节图

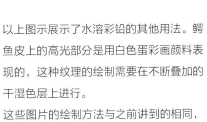

毛皮衬里大衣细节

以上图示展示了水溶彩铅的其他用法。鳄鱼皮上的高光部分是用白色蛋彩画颜料表现的，这种纹理的绘制需要在不断叠加的干湿色层上进行。

这些图片的绘制方法与之前讲到的相同，只是细节更多而已，要达到这种程度，需要坚持练习。

玫瑰图案设计

灵感来源

重现

这个图案的灵感源于丝绸玫瑰，完成这个图案的设计需要先绘制图案，再将图案细化，用彩铅在比较粗糙的画纸上绘制图案，然后稍微打湿。待纸张干燥后，再用彩铅画出阴影范围及需要表现的线条。先设计出图案，再在T恤上设计同种图案的连续印花，裤子上的印花是镜面褶边和以玫瑰为中心的图案。

最终作品。

模块设计

将设计好的图案导入电脑中，可以通过组合获得无数新的设计。

在这一点上，艺术软件可以极大地提高效率。

宝石项链

设计图纸

步骤

用较粗糙的纸张、6号刷和2号刷先画好草图，再用赭色笔细化。这条项链由多块宝石组成：每块宝石都应该单独处理，交替使用彩铅和湿水彩，以表现色调渐变和阴影。接着加上延伸阴影，以更好地展示整个项链的纹理等细节。最后，用黑色印度墨水或蛋彩画颜料，增加宝石的光泽，突出其珍贵程度。

细节

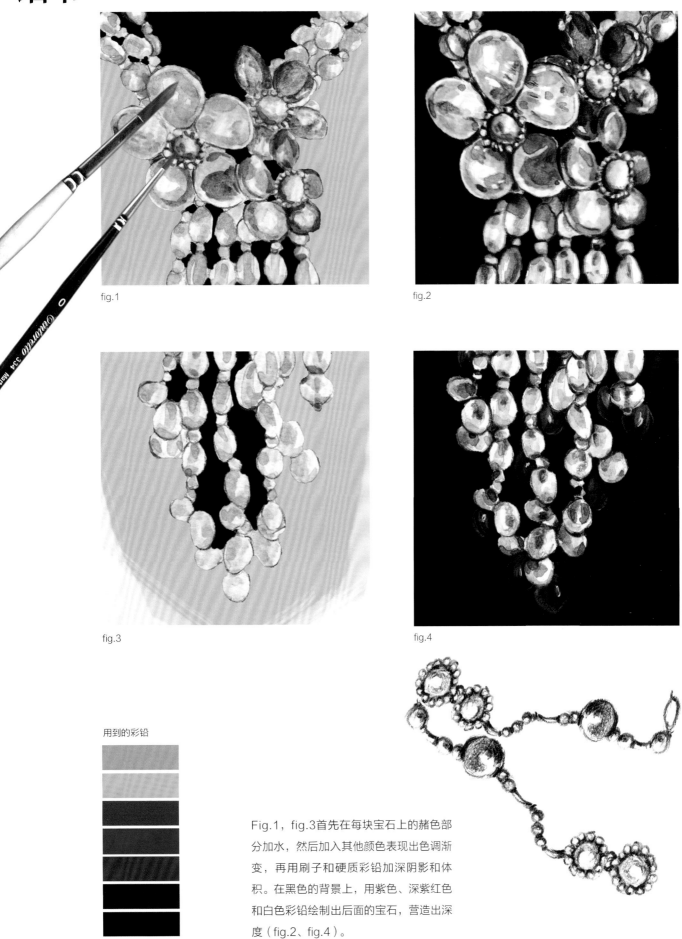

fig.1

fig.2

fig.3

fig.4

用到的彩铅

Fig.1，fig.3首先在每块宝石上的赭色部分加水，然后加入其他颜色表现出色调渐变，再用刷子和硬质彩铅加深阴影和体积。在黑色的背景上，用紫色、深紫红色和白色彩铅绘制出后面的宝石，营造出深度（fig.2、fig.4）。

针织织物和薄纱配饰

这里需要用到的是硬质彩铅、水溶彩铅和较粗糙的纸。先用棕色彩铅描出草稿，然后用同色调和对比色逐步进行着色。设计针织连衣裙上的图案时，需要将手指按住纸张，以控制下笔力度。

真丝花朵的绘制需要交替使用彩铅的干湿画法，甚至可以直接用刷子。等到画面干燥后，再用Carand' Ache彩铅完成细化。

皮夹克和花朵棉布连衣裙

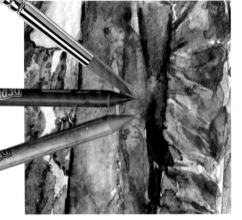

这里用到的是Derwent Aquatone®彩铅、水彩纸和8号刷子。用棕色铅笔绘制底稿，连衣裙上的花朵不需要仔细刻画，自由画上大片斑点，让它们自由晕染、重叠即可。之后调整下笔力度，用2号刷表现花瓣上的斑点和阴影。

着色时，从最亮的区域开始，慢慢移动到
颜色最深的区域，这样就能展现后面的颜
色。注意避免在色彩晾干前接触，以免颜
色晕开。绘制蓝色背景的效果时，先用16
号刷子蘸水彩画出蓝色背景，再在画面上
方30厘米处撒海盐。待作品绘制完成，纸
张干燥后，用刷子或抹布擦掉盐，就能产
生图中所示的纹理。

便装造型

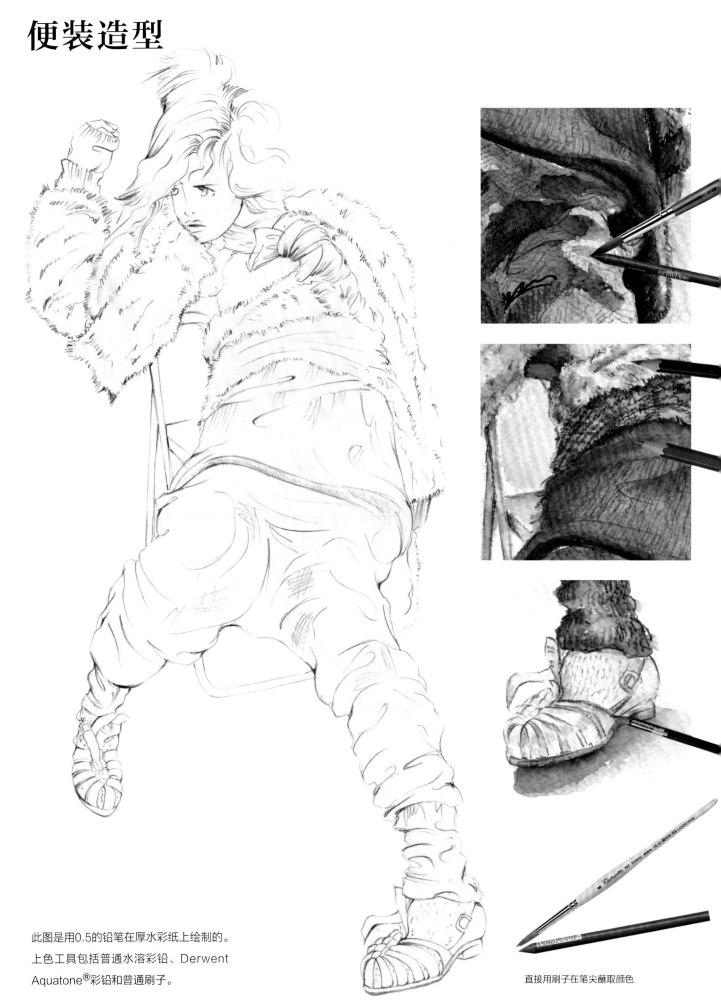

此图是用0.5的铅笔在厚水彩纸上绘制的。
上色工具包括普通水溶彩铅、Derwent
Aquatone®彩铅和普通刷子。

直接用刷子在笔尖蘸取颜色

模特将皮夹克、羊毛毛衣、粗花呢长裤和塑料凉鞋搭配在一起。画法与之前的画面相同，先将所需颜色调成水色，再等待其干燥。

最后用尖锐的铅笔描绘每种材料的质地，下笔力度较大。最突出的前景和阴影部分需要放到最后画。

红色锦缎大衣带毛皮装饰边

细节和步骤

此图是用棕色彩铅在厚水彩纸上绘制的。在这幅设计图中，绘制者也给模特的面部上色了，以表现她的特征，眼神凝视的力度和嘴唇的性感。最后，根据色调明暗对比法，在皮毛部分与背包链条重叠处添加细节，具体细节和步骤如右图所示。

软绸和紧身裤上的斑点及锦缎质感只需要
随手勾勒之后做水彩处理。然后，用刷
子蘸取更浓的颜料，在干燥的斑点色块
上加深细节表达。毛皮质感的表达需要用
到小块的米色、棕色和黑色，将它们紧密
排布，自由绘制，加水稀释之后再用笔细
化。毛皮的不规则性则是用笔锋锐利的棕
色和黑色Carand'Ache®彩铅绘制的。

高级时装——公主礼服

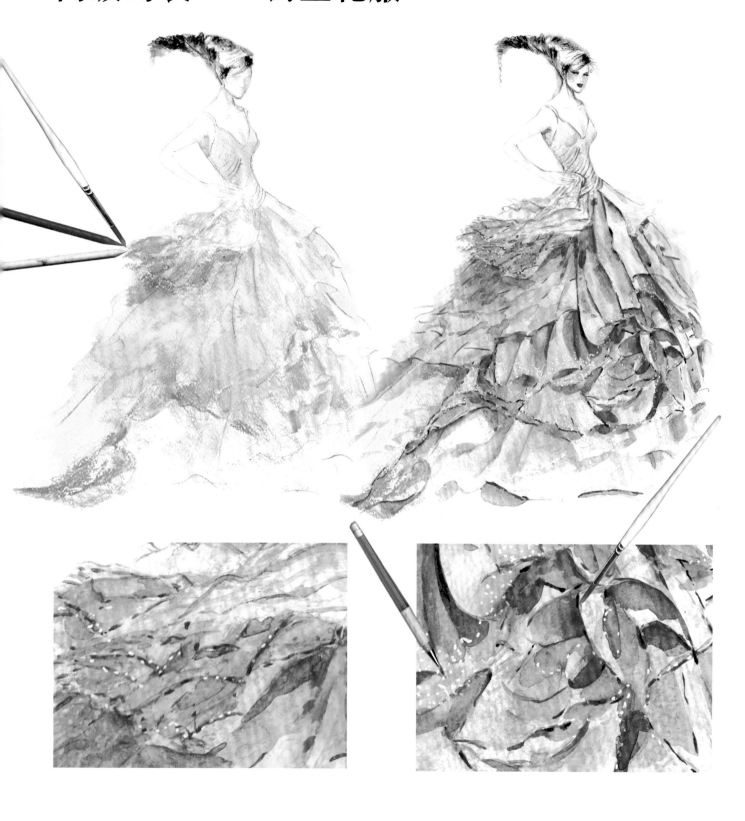

用赭色彩铅轻轻勾勒出造型，并确定褶边位置。即兴上色，用8号刷蘸取Derwent Aquatone®彩铅的颜料，给较小色块上色，再用14号刷涂抹更多需要上色的大面积区域。先用水湿润画面，待其干燥后，再进行颜色加深，融合黄色和粉红色的基色，增强亮度，表现出水彩效果。等待画面干燥后，分别绘制褶边和阴影，以增强织物的层次感。最后用2号刷完成面部和发型。

服装设计图的完成还需要最后的润色。用动态、密集的线条表现褶边下摆，增强其空间感，刺绣部分建议使用白色中性笔。背景使用14号上色，最后用Photoshop完成定稿。

watera

5 T H M O

colours

JLE

05 水彩画

聚丙烯腈颜料

管装水彩

Ecoline®彩色墨水

水彩画配套产品

水彩画技法

水彩画的绘制需要水和颜料。水彩画的特征是色彩的透明度高。即使多次上色，画面仍然能呈现出清新、自然、明亮的感觉。在绘制时尚插图时，了解并掌握这种技法相当重要。掌握这种技法后，在使用其他湿用颜料如墨水、专业马克笔、水彩马克笔等时，也会更为得心应手。建议一开始就入手优质颜料，优质颜料的上色效果更好，而且保质期长久耐用。在挑选颜料时一定要先试色。

本模块设置了练习以便您能掌握这种技法。等到掌握这一技法后，就可以随心所欲地开始个人设计。

基础画具

（1）至少需要12种颜色。如果已经开封，但是不够12种颜色的话，只需要另外加上白色和黑色。

（2）除了水溶彩铅需要用到的刷子之外，还需要0号刷，以及从16号到24号刷，用来上色和表现各种效果。

（3）水彩专用的细纹水彩纸，中纹水彩纸和粗纹水彩纸。如果有需要大量用水的作品，建议选择重量在300g以上的水彩纸。

（4）带格子的塑料调色板。所有配套工具，如防溢容器、吸墨纸或纸巾等，都与水溶彩铅用到的相同。以下辅材请按需

购买：白色涂改液可增强颜色亮度和流畅度的水彩材料，以及固定胶带。在水中加入一点蜂蜜或糖可以替代增加亮度和流畅度的材料。在绘画之前，最好将所有东西都放在双手够得着的范围内，然后准备好纸张，将纸张两面弄湿，并用胶带将其粘贴到剪贴板上。最后，不要把画刷直立在水中，将它们放在抹布上，这样可以保护刷头。

不同笔刷及其表现效果

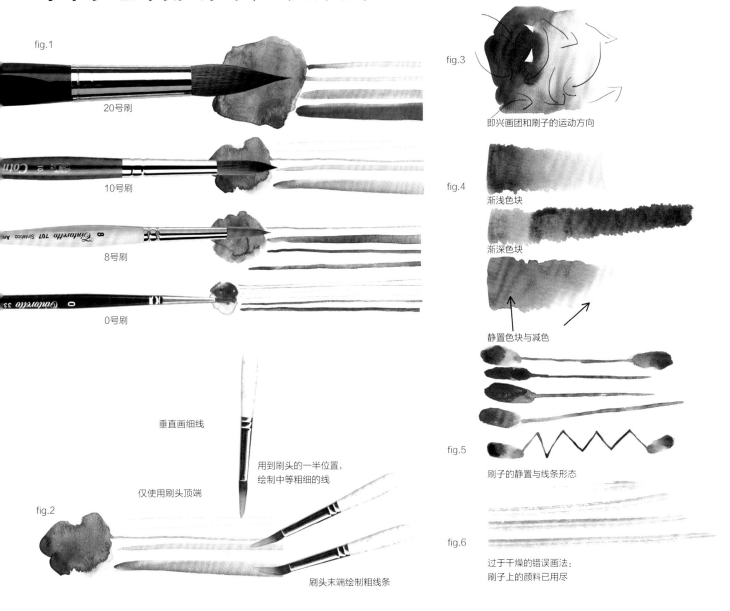

fig.1

20号刷

10号刷

8号刷

0号刷

fig.2

垂直画细线

仅使用刷头顶端

用到刷头的一半位置，
绘制中等粗细的线

刷头末端绘制粗线条

fig.3

即兴画团和刷子的运动方向

fig.4

渐浅色块

渐深色块

静置色块与减色

fig.5

刷子的静置与线条形态

fig.6

过于干燥的错误画法：
刷子上的颜料已用尽

在水彩画中，我们需要用水稀释调料并混合颜色，因此正确测量水和颜料的使用量是至关重要的。在绘画时，刷子的刷毛应该充满颜料，并从多个方向轻轻地在纸张上移动，可以不画出线条，用颜色使作品更加活泼，营造出一种新鲜感和深沉的气团感，就像画云一样。

交替使用蘸满颜料的刷子，绘制长的、水平的平行线。从粗到细，再从细到粗（fig.1）。手持画刷，水平放在纸张上，就能画出粗线条，把刷头往上提一半起来就可以画出中等线条，刷头尖端是用来画细线条（fig.2）。在其他纸上重复练习，绘制大的半圆形或波浪线、锯齿形线等。使用单一颜色画出大气感的斑点，不能表现出任何线条。如果想更强的透明感，可以在水中蘸一下刷子，减少一点颜料，再回到纸上色块边缘，用刷子往外刷，直到刷子上的颜料与纸张的白色混合（fig.3）。如果需要表现10厘米左右的阴影部分，可先用刷子蘸取颜料，在水中点一点，使颜色浅一点，增加亮度，绘制时

无需等待线条干燥。在同一条色带上做增减颜色练习，可以设计出不同明暗对比效果（fig.4）。在刷毛沾满颜料的情况下，将整个刷毛放在纸上，然后突然抬起，用笔的尖端画出细线，不要中断，再往下杵刷子完成这根线条（fig.5）。当刷子上的颜料没有了的时候，会画出干燥、锯齿状的线条，这种情况要立即纠正（fig.6）。想要新的颜色，你必须知道如何混合颜料。要做到这一点，最好学习40色图表，了解颜色成分及混合后的变化效果。

水彩洗色干湿技法

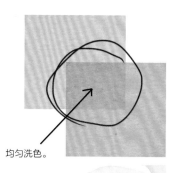

均匀洗色。

渐变洗色

大块洗色。

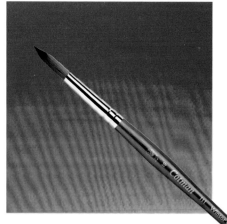

在干燥画面上作画，干湿技法

错误使用案例

颜料使用不当，笔刷线条可见，方块
缺乏气团感

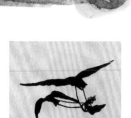

米色背景和紫色鹰

绿色洗色，由于底层颜料不够干燥，
颜色晕染析出

水太多，导致上色像流血效果

不干燥导致一种颜色渗到另一种颜色

水彩画主要有两种方法：第一种称为"分层"或"洗色"，在干燥的纸上涂上混有大量水的颜色（均匀、变化或渐变）形成色层。再蘸取颜料作画。这个过程也可以称为干湿画法，也就是说，在干燥纸面上画湿颜料作画。在水彩画中，我们通常会从浅色画到深色，但不会完全覆盖下面的色层。建议最多进行三四次洗色即可，以免破坏透明效果。颜料干燥后颜色会变亮。这种技法的重点在于"洗"，即用刷子画出大块颜色，再用大量的水稀释。用一种颜色或多种颜色绘制统一的颜色，颜色变化或渐变，反复练习直至掌握这种技法。

随性技法湿画技法

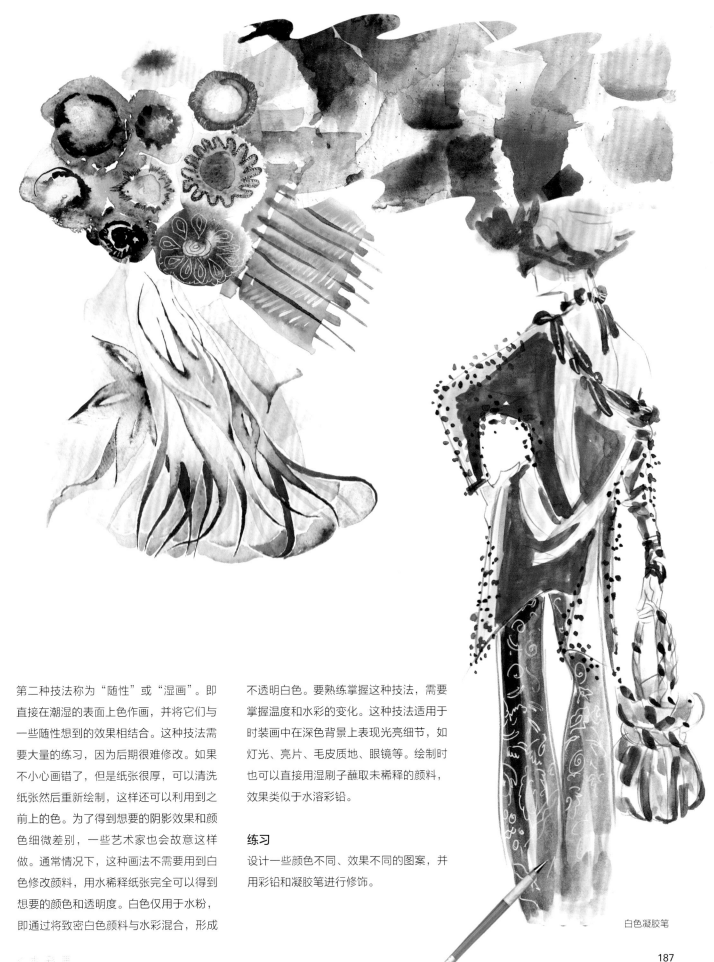

第二种技法称为"随性"或"湿画"。即直接在潮湿的表面上色作画，并将它们与一些随性想到的效果相结合。这种技法需要大量的练习，因为后期很难修改。如果不小心画错了，但是纸张很厚，可以清洗纸张然后重新绘制，这样还可以利用到之前上的色。为了得到想要的阴影效果和颜色细微差别，一些艺术家也会故意这样做。通常情况下，这种画法不需要用到白色修改颜料，用水稀释纸张完全可以得到想要的颜色和透明度。白色仅用于水粉，即通过将致密白色颜料与水彩混合，形成不透明白色。要熟练掌握这种技法，需要掌握温度和水彩的变化。这种技法适用于时装画中在深色背景上表现光亮细节，如灯光、亮片、毛皮质地、眼镜等。绘制时也可以直接用湿刷子蘸取未稀释的颜料，效果类似于水溶彩铅。

练习

设计一些颜色不同、效果不同的图案，并用彩铅和凝胶笔进行修饰。

白色凝胶笔

洗色和色块渐变层次感

fig.1 轻轻抬起纸张，使颜料向下滑动

fig.2 带阴影的色条和色块

fig.3 均匀混合颜料

fig.4 颜色"留存"（A）

fig.5 所有用品都放在双手够得着的地方

A

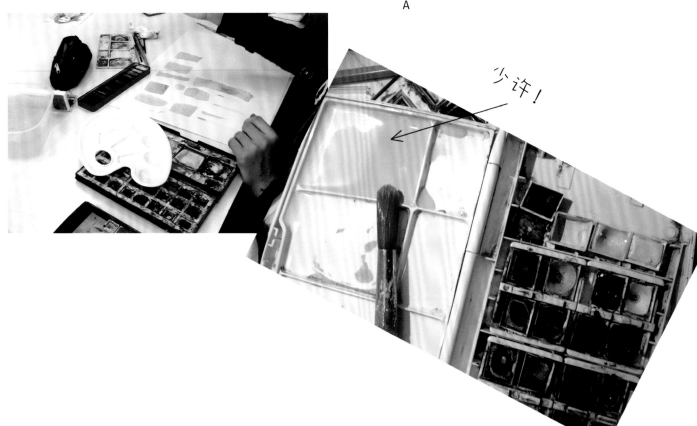

少许！

画出漂亮的气团感色块需要大量练习。首先将所有颜料在大量水中稀释，如右下图所示。涂抹颜料时，将纸张抬起并固定在桌子上，使颜色向下流动，形成液体"留存"，你可以使用这块区域的颜料继续从右往左涂色，直到完成练习。太多的水会造成难看且难洗的污渍。用大刷子进行大面积洗色，用小刷子进行小面积洗色。调制更多颜色的方法如上图所示。

头发的画法

为头发部分涂抹浅绿底色。稍微抬起一侧纸张，控制颜料流向

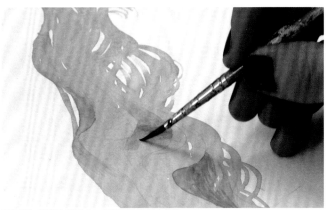

在头发与其流动范围内，在干燥的色层上洗色

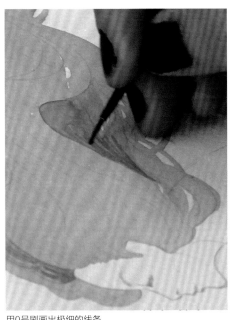

用0号刷画出极细的线条

涂上彩色背景，同时始终保持纸张倾斜，以控制颜料流向

< 水彩画

分色层画法

洗色背景，控制颜料流向

放大衣服细节，洗色可以表现出褶皱的运动轨迹。阴影中的薄层涂料是以绿色为基色的较暗色调渐变

绿色渐变

给时装草图上色，先要为每种材料用很轻的颜色打底。然后直接用未稀释的颜料绘图，阴影部分需要注意表现织物的褶皱、头发和面部细节，以增强整个图像的层次感。最后完成较暗的区域和细节，如头发、衬衫和织物装饰上颜色最深的阴影。

湿画和干湿技法总结

混合湿润的颜料色块，同时改变色条的色调。请记住，涂料在干燥时会变轻。因此，最好将颜料涂在比所需颜色更饱和的色层上

颜料流向控制及阴影

湿画纸上的湿线

潮湿的效果，从移动笔尖开始用逐渐强烈的深色表现绒毛质感

油绿色太空夹克和用到的明暗对比色调

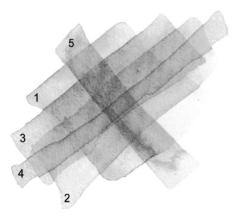

五次重叠洗涤，不断在干燥后的纸面用湿颜料上色

手绘技法组合

锻炼力度和准度

自由发挥想象力，用目前所学内容设计出新的作品。首先，记得弄湿纸张的正反面，并用胶带粘到平板电脑或纸板上。在纸张仍然潮湿的状态下，随意发挥。待其干燥后，继续绘制织物纹理、装饰、格子图案、花朵等。或者划分不同区域绘制不同的图案和织物纹理。如果没有熟练掌握笔刷的控制与应用，那就先完成左侧的练习，使用赭色笔绘制网格，再填充阴影色，注意不要让水彩湿痕接触。

印花组合与时装设计图分层

水彩的应用十分广泛，甚至可以说水彩是所有湿用颜料的总和，包括墨水和水溶马克笔。水彩画的温暖、鲜活、细致是无可比拟的。此外，用水彩上色较快，特别是需要均匀着色的部分，如图所示。印花织物和图形的拼接需要从最浅的色层开始铺，再逐渐加深。

其他效果和技法

将盐加入湿颜料上，干燥后除去。再在湿颜料上弄湿

用橡胶乳胶盖住想要保护的区域，然后继续绘制

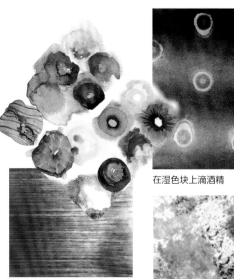

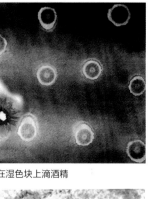

在湿色块上滴酒精

刷半干颜料表现出编织感

海绵蘸湿颜料后的涂抹纹理

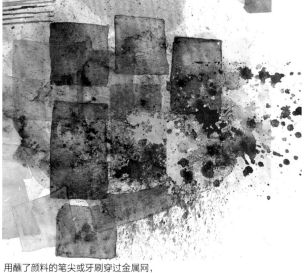

用蘸了颜料的笔尖或牙刷穿过金属网，让颜料掉落在干燥画面上

酒精、海绵和铅笔混合的手法

用细刷在仍然湿润的色块外缘表现加深的阴影效果

用彩铅细化色块边缘，用不透明的白色画出细节

在绘制时尚插画或草图时，了解一些有趣的技巧可以更好地完善作品。

垂褶面料和花瓣的绘制

垂褶面料的绘制，这里用红色来讲解，先在另一张纸上调制各种色调，以便获得正确的颜色。步骤：先用粉色的水溶彩铅笔在粗糙纸上大面积上色，然后用大量的水稀释颜料，使其呈浅粉色。从最轻的粉红色开始，均匀涂抹在织物表面和边缘。在干燥的颜料上，使用几乎没有颜料的半干刷子突出褶皱和层次，等画面干燥后继续添加色层。最后绘制细节，如条纹和前景中的穗。之后按照相同的步骤绘制花瓣，从最大面积的部分开始画。绘制脉纹用的是0号刷。

真丝围巾四步画法

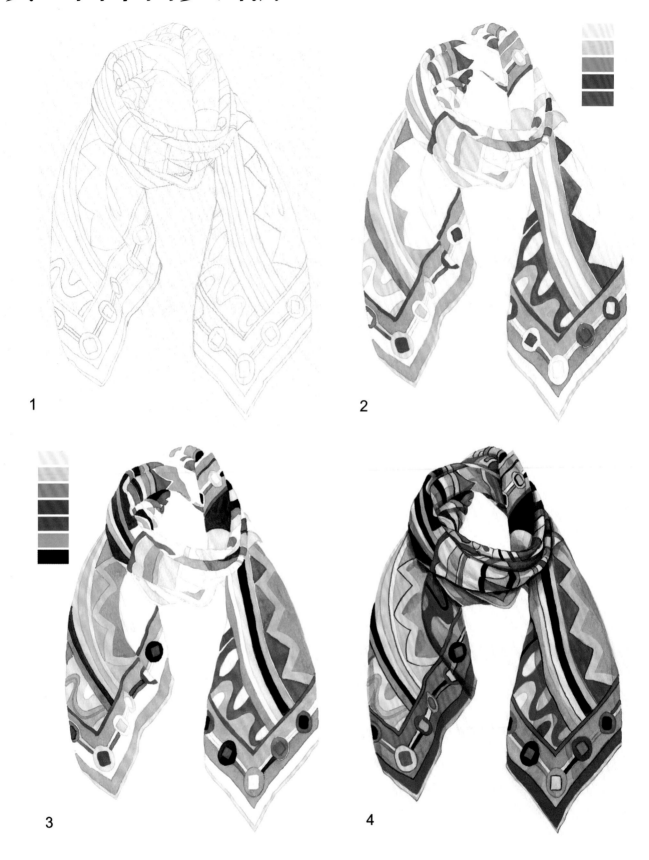

1

2

3

4

此处我们需要用到300克水彩纸。先用赭色水彩笔在纸上保持齐平，画出围巾。然后从饱满的淡榛子色开始均匀上色。继续涂上淡粉色和红色，注意不要让水彩湿痕处接触（以免颜料晕染析出）。继续涂上除黑色外的其他颜色。最后，完成围巾各个部分的装饰。通过重叠画法表现出围巾的层次感，加强深色区域效果。

单层真丝围巾

乍一看，围巾似乎是用马克笔绘制的，其实它完全是用单一颜料的分层水彩完成的。

这个练习可以锻炼耐心，让我们精确到最微小的细节完善，绘制时需要用到2至10号刷。

描边类型

普通纸张设计图

在洗色纸张上即兴绘制的人物

何时应使用干湿技法，何时应使用即兴手绘？

如果两种技法都擅长，则应根据想要的图案效果进行选择。相对而言，干湿技法相对简单，因为即兴手绘需要在湿的水彩纸上作画，难度较高。在长而窄的服装上，平涂（如之前的软绸），配饰及其它细节上的图案绘制需要尤其谨慎，绘制这部分的阴影时范围和用色都很有限。如果服装上带有一些飘动装饰，毛皮或金属，在绘制即兴草图时，都会清晰表现出飘动效果。这两种技法都很有用，同时使用可以达到非常不错的效果。

示例图片

白色缎面夹克

风琴褶

时尚素描,
数字拼接

白色伊考伦®高光

白色凝胶笔

带刷子的水彩马克笔

要表现白色缎面夹克的光泽感,需要用到不同的笔刷描绘画面中最暗的部分。

风琴褶需要从织物的最浅色部分开始画,根据其形状,画出直接阴影和延伸阴影。连衣裙上半身有大片各色半透明亮片,下半身裙装部分的重叠的浅蓝色卢勒克斯织物和灰色薄纱是采用以下材料绘制的:水彩、白色印度墨水用来绘制反射光,中性笔用来模仿卢勒克斯织物,黑色马克笔蘸水来表现薄纱质感。

速写与分层洗色

用铅笔、水彩和黑色印度墨水水彩可以快速记录灵感，并在之后进行完善。

晚礼服和男性人物速写。

速写

轻薄的水彩纸在重复上色后会产生波浪纹理，具体效果如图所示。即使用胶带粘贴在平坦的表面上，也不会恢复到原来的形状。但是，如果在灵光一现却没有工具的时候，那就用这些吧：水彩，2B铅笔和黑色印度墨水，75克A4纸。

蓝色薄纱刺绣连衣裙

用白色中性笔表现刺绣

即兴手绘不用绘制出线条，自由流动的颜色会显得更加自然。可以先用铅笔轻轻描出底稿，帮助定位上色区域，之后这些线条的颜色会变淡。从最清淡的颜色开始画起，表现出其动感，然后随着裙子的裙边减轻笔触。草图中的其他装饰，如用白色中性笔画出的刺绣或皮革，都最后再画。即使是设计师本人，也不能复制出完全一样的即兴草图，灵感来的时候下笔手法是带着感觉的。但是，我们可以观察即兴草图的风格，然后吸收到自己的设计中。

三件衣服的着色步骤

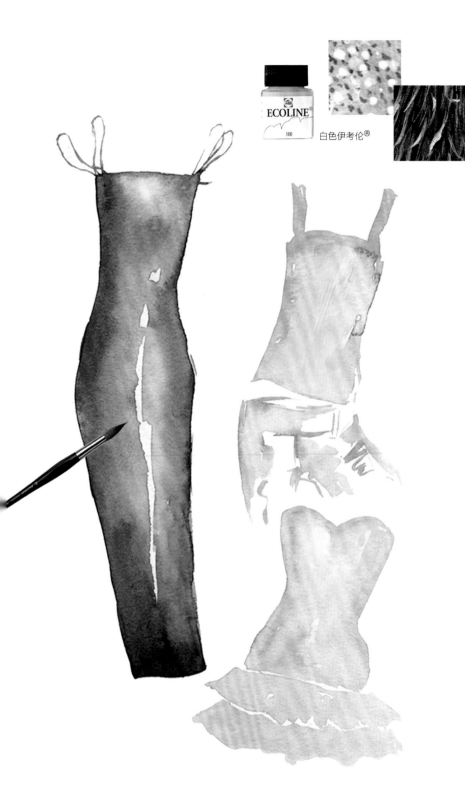

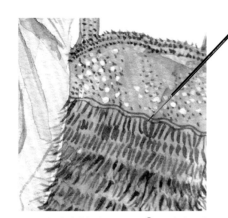
白色伊考伦®

用0号刷画出流苏短边，Ecoline®画出亮片质感

即兴手绘装饰和色层

重叠的鸵鸟毛边和白色Ecoline®反光部分

如前所述，绘制水彩画时，需要先从颜色较浅的部分开始，再逐渐加深，直到作品完成。这里展示的三件服装的每种色调都采用了相同的简单技法，每件一种颜色，在侧面用高光增加颜色强度，表现效果图的体积感。绘图过程非常快，具体步骤如上边右侧三幅图所示。为了展示一些细节，如亮片和蓝色鸵鸟羽毛，我们会使用白色Ecoline®笔，它在干燥的画面上是不透明的，如果在湿纸上作画，它会跟画面融在一起。

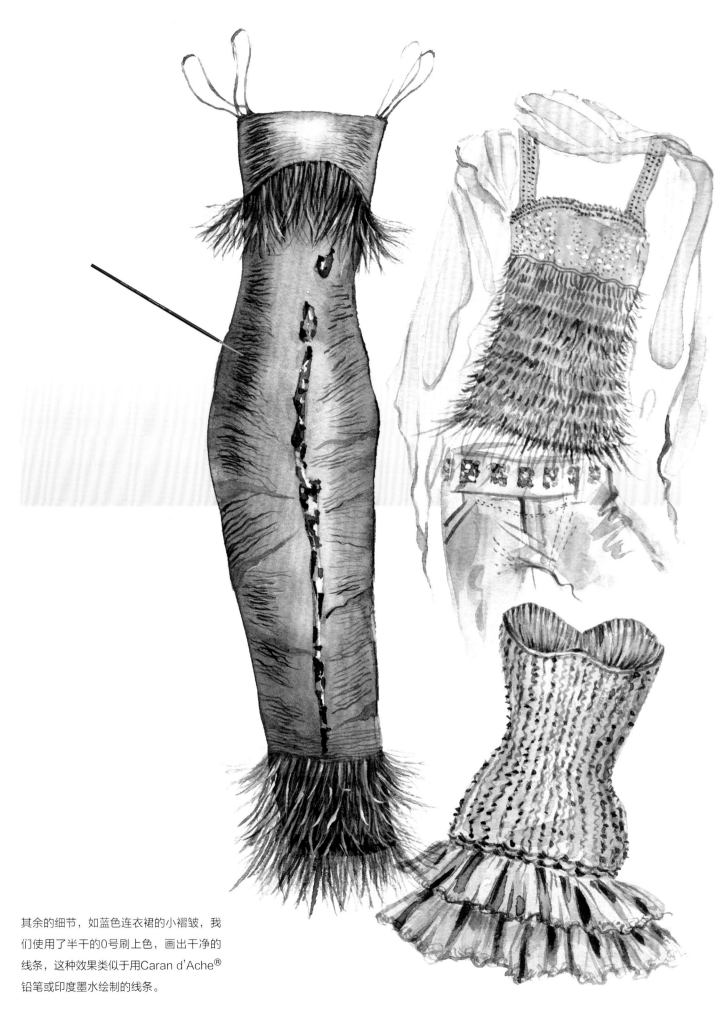

其余的细节，如蓝色连衣裙的小褶皱，我
们使用了半干的0号刷上色，画出干净的
线条，这种效果类似于用Caran d'Ache®
铅笔或印度墨水绘制的线条。

多层褶边晚礼服

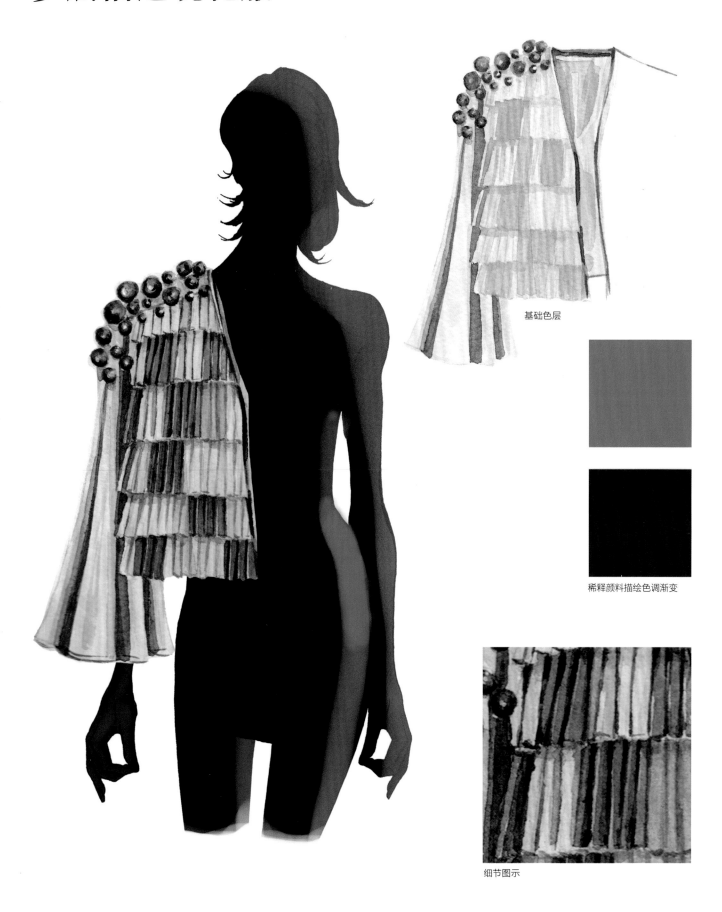

基础色层

稀释颜料描绘色调渐变

细节图示

干湿技法

红色礼服

礼服90%部分用稀释后的颜色均匀上色。临摹时，请先从粉色开始画，将其涂满整个连衣裙。待画面干燥后，厚铺红色色层。在图案和深色部分用少量黑色绘制细节。把底稿存在电脑中，也可以用黑色墨水笔画出细节。

主题应用

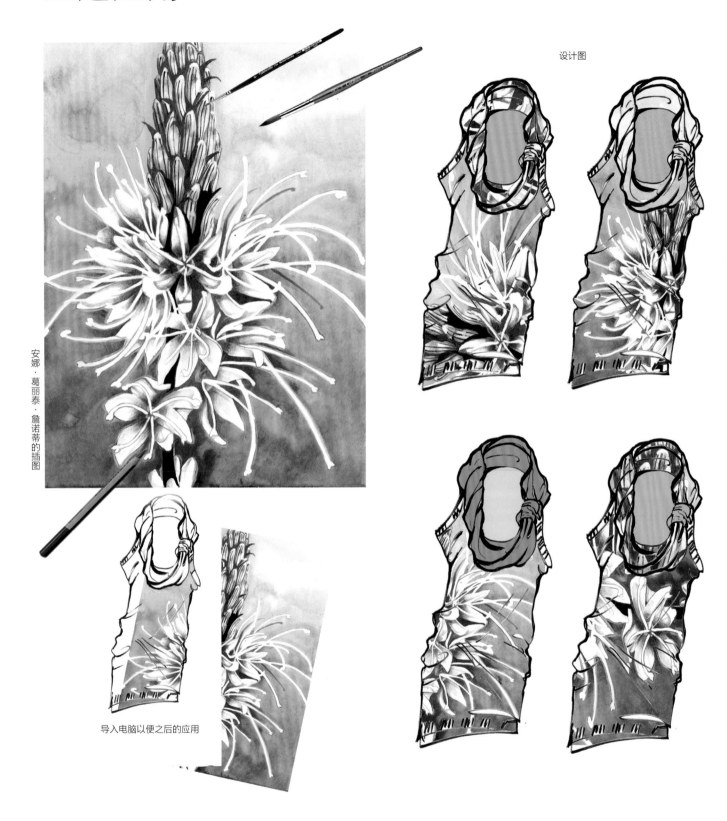

设计图

安娜·葛丽泰·詹诺蒂的插图

导入电脑以便之后的应用

这里我们需要用到300克的细纹水彩纸。水彩画可以用定位印花设计，即在服装特定位置放置印花，或者模块化图案，可以在织物表面应用连续印花。步骤如下。

画出花朵并用白色乳胶盖住以免图案被其他颜色污染。干燥后，用不同色调的蓝色在印花背景中涂色。撕下乳胶部分，用水彩画给花朵涂色，在花瓣留下白色的部

分。最后用彩色铅笔细化。用300分辨率扫描画面后，将其保存为A3大小的图片格式。保存到电脑中后，可以在日后进行编辑和再设计。

抽象构成设计理念

本页图是用300克粗纹水彩纸和湿画技法绘制的，编辑过程与之前印花的绘制相同。通过放大、缩小、旋转电脑上的图像，可以得到多种印花。人物是用黑色马克笔绘制的。

幻想

安娜·葛丽泰·詹诺蒂的插图

学士帽

这是用200克中纹水彩纸绘制的。
这些主题印花适用于多种面料。这里的灵感来自童话故事，插图由艺术家安娜·葛丽泰·詹诺蒂绘制，她绘图精确，细节把握精准，用色到位。这里用到的是即兴色层技法。

数字印花设计（1）

时尚行业的艺术家不仅需要掌握绘制技术，还需要熟练掌握电脑技术。

如果手动设计这些印花需要花费大量的时间。而在电脑上只需几分钟即可完成。

新艺术

纸的颜色

黑色印度墨水

安娜·格雷塔·吉安诺蒂的插图

这里用到的是暖榛子棕色纸板
和270克白纸。
以均匀涂抹的水彩色为底，
随机应用于白色礼服，可
以用奶油色蛋彩画颜料给月
牙上色，用黑色印度墨水绘制插
图上的装饰图形。鞋子是在Photoshop
中绘制的。电脑可以处理的任务很多，这
里仅做部分简单展示。在制作服装时，你
甚至可以使用刺绣、施华洛世奇水晶、水
钻等来增强印花面料质感。

数字印花设计（2）

这是使用Photoshop插入图案，裁剪并重新组合图像绘制的。受新艺术的启发后的灵感，可以用电脑还原，然后添加到各种服装和配件中去。

贝壳

安娜·格雷塔·吉安诺蒂的插图

基础粉色

基础橙色

这里用到的是300克的细纹纸张。
当绘制水彩插图的细节时，最好用不大于A3的纸张来处理更加复杂的结构（如本例所示），在A4纸上处理简单的结构。如果你需要使用更高超的技术，最好在更小的纸张上进行结构和笔触的控制。

临摹图画时，最好根据心情来诠释和重新设计图画，但要保持耐心和愉悦。技巧建议：使用2H铅笔，在光线充足的桌面上临摹此图。为背景设计洗色阴影，待干燥后，细心准确地在外表涂上浅色。再次干燥后，用0号刷子画出螺旋。用肉粉色开始上色，在阴影中涂上水彩色。流动的头发用橙色，画面干燥后颜色会更加饱和，越来越红。在绘画时，有必要控制用水量，最好在另一张纸上测试颜色，以免发生意外。

数字印花设计（3）

数字处理和印花应用（箱包和鞋类）

印花应用于由设计师劳拉·阿尔坎杰利设计的矢量图形配件中。

印花鞋子

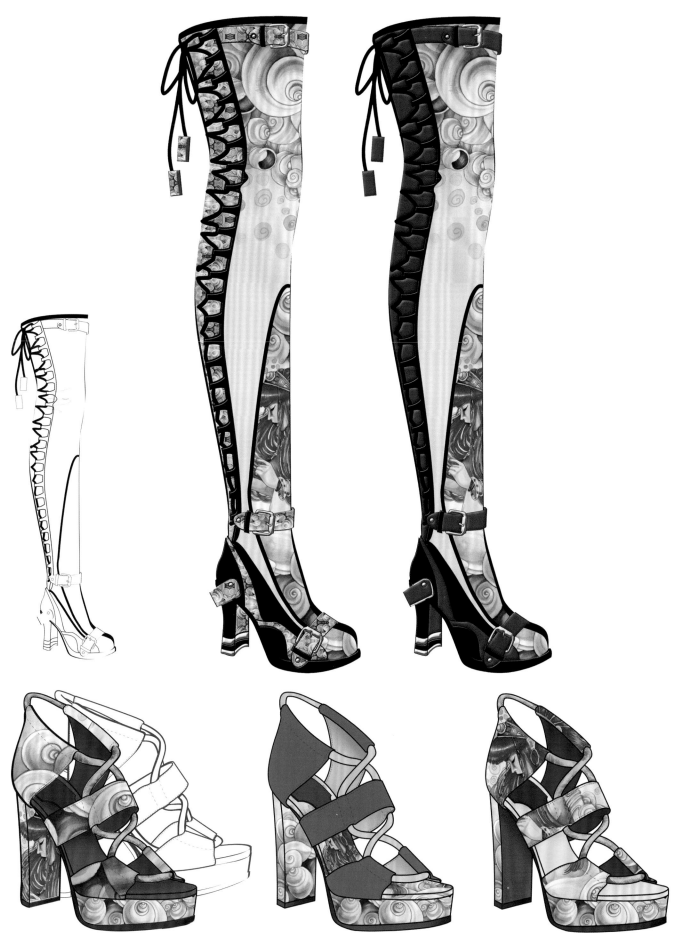

印花的应用

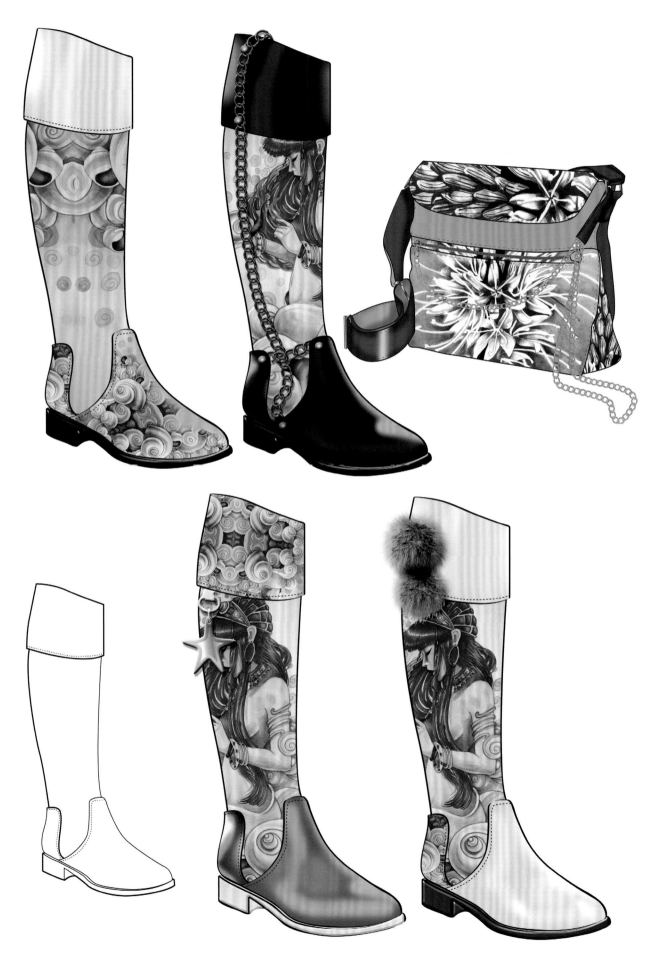

高筒靴、印花面料和皮革

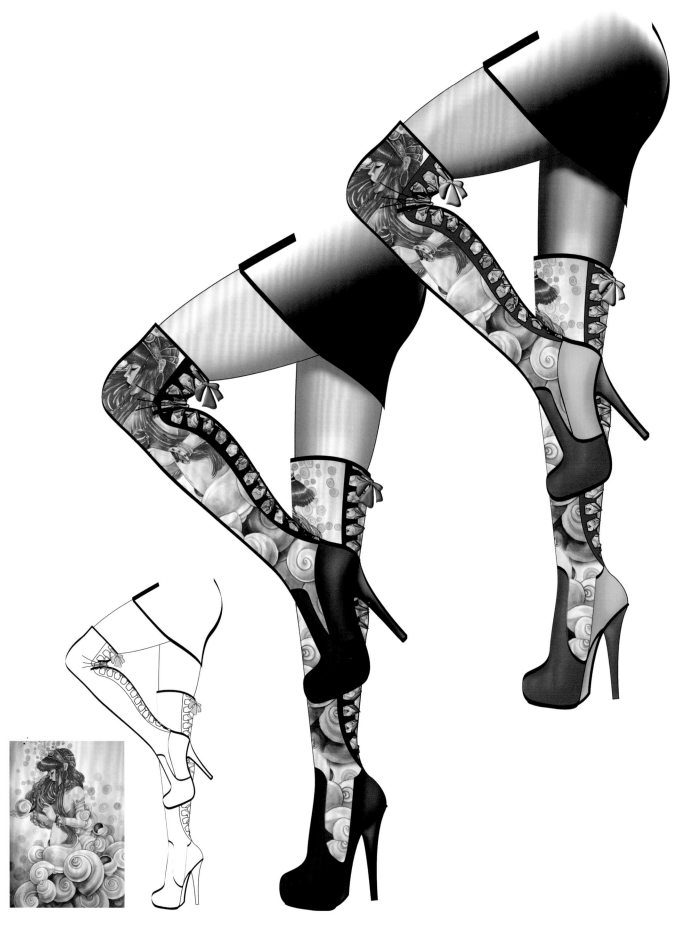

罂粟连续印花

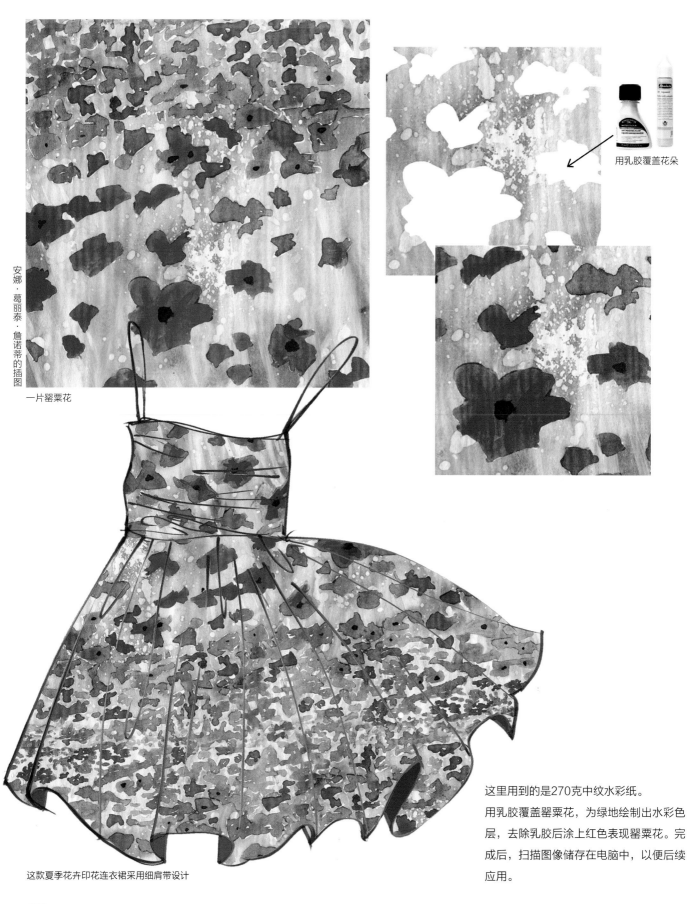

用乳胶覆盖花朵

安娜·葛丽泰·詹诺蒂的插图

一片罂粟花

这款夏季花卉印花连衣裙采用细肩带设计

这里用到的是270克中纹水彩纸。
用乳胶覆盖罂粟花，为绿地绘制出水彩色
层，去除乳胶后涂上红色表现罂粟花。完
成后，扫描图像储存在电脑中，以便后续
应用。

碎花连衣裙

头发线条

基色

印花

插图技法与之前所述相同。图的上半部分
是手工着色，腿和印花部分是在电脑上完
成的。

树干和树叶写意插图

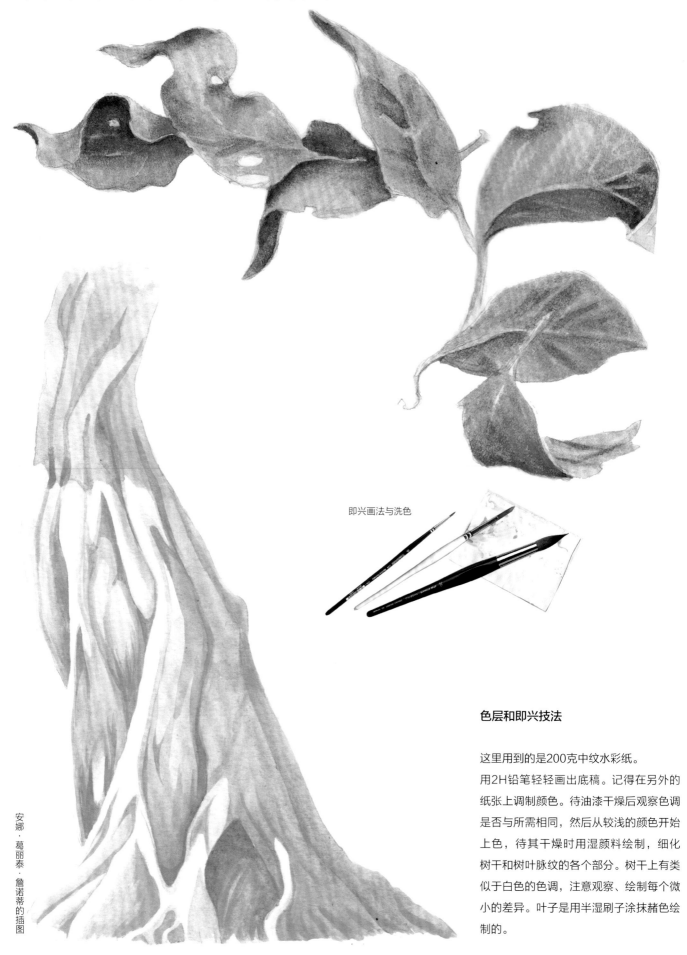

即兴画法与洗色

安娜·葛丽泰·詹诺蒂的插图

色层和即兴技法

这里用到的是200克中纹水彩纸。
用2H铅笔轻轻画出底稿。记得在另外的
纸张上调制颜色。待油漆干燥后观察色调
是否与所需相同，然后从较浅的颜色开始
上色，待其干燥时用湿颜料绘制，细化
树干和树叶脉纹的各个部分。树干上有类
似于白色的色调，注意观察、绘制每个微
小的差异。叶子是用半湿刷子涂抹赭色绘
制的。

应用电脑细化创意图

在设计时，让你的创意充满活力，让它摆脱严格的设计束缚。电脑有助于组合图形，有时可以自由拼接，但有特色的图案可以启发设计师设计出独特的服装，就像这里展示的服装一样。

新艺术风格装饰用于定位印花和刺绣

安娜·葛丽泰·詹诺蒂的插图

统一的水彩和图层

这是用300克粗纹水彩纸绘制的。
要临摹此插图，请按照与上一个图像相同
的步骤进行操作。建议在绘制线条时更为
小心，以免使颜料超出边缘。

始终从较浅的颜色开始绘制。同种的图案
设计，可以通过改变图案的位置或通过刺
绣、其他装饰元素（如卢勒克斯纱线、珍
珠等）改变印花，以应用于多种设计图中。

包括任何新艺术风格相关的设计和主题。
在服装和配饰上改变插图的大小和位置也
很有趣。每个设计师都应用自己的风格理
念来完善这个主题。

数字创意

图中晚礼服灵感来自艺术家诺瓦插图、印花和绣花。裙摆的宽松下摆灵感来自蒂芙尼灯具，可以制作成19世纪的珐琅彩效果。手工绘制的艺术色彩得出彩色玻璃效果，可以使用哪种方法制作？

抽象花卉图案

用笔尖和黑色墨水绘制花朵图案。这类抽象水彩，都是经由数字处理。

光泽感

衣服和饰品反射的光线可以通过两种方式表达：纸张未上色的白色部分，如蛇纹皮革紧身裤和白色缎面连衣裙；使用各种涂有多种涂料的涂层介质模仿白色反光材料。

穿鳄鱼夹克的时装模特

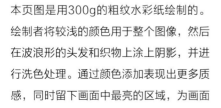

本页图是用300g的粗纹水彩纸绘制的。绘制者将较浅的颜色用于整个图像，然后在波浪形的头发和织物上涂上阴影，并进行洗色处理。通过颜色添加表现出更多质感，同时留下画面中最亮的区域，为画面增添一丝清新感。然后用0号刷绘制鳄鱼夹克的纹理。最后细化时，需要加强更暗的阴影。通过色调对比产生使画面更具层次感。

最后，用白色三菱波斯卡®笔使夹克更具
光泽感，同时留白，表现裤子移动时褶皱
上的反光。

不对称双层透明硬纱衬衫裙

用两种颜色均匀地涂抹。洗色处理，层层
上色。强化阴影并用相同颜色绘制衬裙，
但稀释度较低。

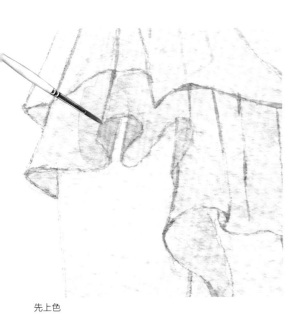

先上色

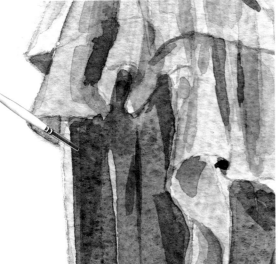

洗色处理阴影

加强阴影中最暗处，并用白色蛋彩画增强反射光泽

穿牛仔裤的时装模特

洗色处理T恤、头发、皮肤和包。用一种或多种湿刷子绘制，可以改善色彩痕迹，从而表现更轻和更强烈的区域。待画面干燥后，涂上较暗的阴影。

T恤的条纹需要进一步加深阴影的色调。
头发的深色阴影是通过在略微湿润的色层
上绘制的。最后，用水粉绘制花卉刺绣，
用各种颜色的凝胶笔绘制其他装饰品。

都市时装

给牛仔裤上色，然后分层涂色，加强需要
表现饱和颜色的区域。领口和毛皮饰边应
在湿润时上色，用0号刷逐渐画上未稀释
的颜料表现质感，注意突出毛边的纹理。

增加颜色部分以增大表现体积。最后，用
0号刷蘸未稀释的黑色，画出干燥的T恤
和牛仔裤上的蕾丝刺绣。

薄纱晚礼服

先绘制浅色

然后逐步加深

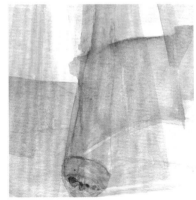

注意绘制透明感

使色调更强烈但不透明

涂抹花朵

均匀稀释

从最轻的颜色层开始绘制，注意表现织物的透明度、条纹和褶皱的层次感。

洗色处理可以增强整体纹理感。要注意黑色条纹上阴影的透明度，裙子和披肩上的深褶皱。最后，用不透明的红色和白色的伊考伦®给花朵上色。

黑色丝绸薄纱斗篷

随性设计粉色背景，画出袖子和裙子的轮廓。干燥后，画出
身体，接下来用湿画技法和干湿技法进行绘制。白色高光为
水粉，与其它色调相重叠。

公主婚纱多色薄纱

洗色法处理礼服，绘制面纱。先从浅色开始画，再在裙子上涂抹粉红色和赭色。用棕褐色和棕色铅笔加深下摆的褶皱感，绘出层层薄纱。最后用白色蛋彩画水粉涂面纱。

雪纺晚礼服

这里需要用到随性手绘技法、湿画法及干湿技法相结合的技法。几乎没有绘制细节线条的空间。使用20号及以下的刷子通过洗色法处理色层。再用0号刷绘制线条并细化。

最后再画最强的色彩和线条，以使整个构图更生动。花点时间观察并反思绘画的色彩，下笔快速、自信。根据自己的风格和能力重新定位印花。

这个插图算是水彩画模块的总结。本章的许多技法、练习和示例都非常简单，但它们有助于充分了解设计需要用到的材料和工具，提高设计能力。

6 ТНМО

06 专业马克笔

专业马克笔的诞生

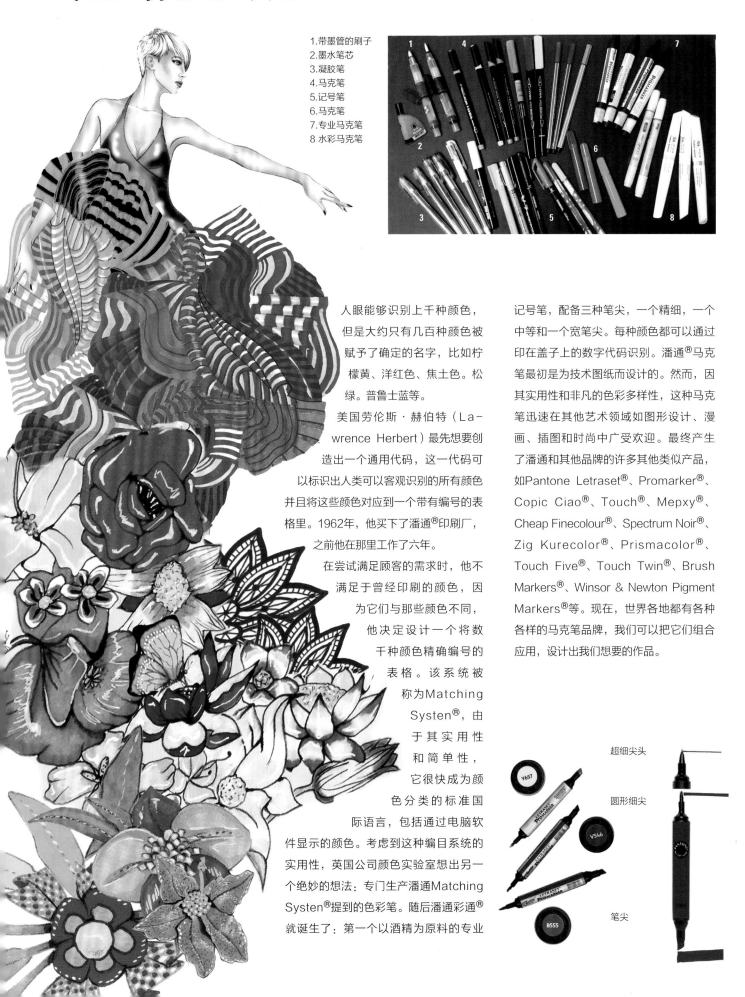

1.带墨管的刷子
2.墨水笔芯
3.凝胶笔
4.马克笔
5.记号笔
6.马克笔
7.专业马克笔
8 水彩马克笔

人眼能够识别上千种颜色，但是大约只有几百种颜色被赋予了确定的名字，比如柠檬黄、洋红色、焦土色。松绿。普鲁士蓝等。

美国劳伦斯·赫伯特（Lawrence Herbert）最先想要创造出一个通用代码，这一代码可以标识出人类可以客观识别的所有颜色并且将这些颜色对应到一个带有编号的表格里。1962年，他买下了潘通®印刷厂，之前他在那里工作了六年。

在尝试满足顾客的需求时，他不满足于曾经印刷的颜色，因为它们与那些颜色不同，他决定设计一个将数千种颜色精确编号的表格。该系统被称为Matching Systen®，由于其实用性和简单性，它很快成为颜色分类的标准国际语言，包括通过电脑软件显示的颜色。考虑到这种编目系统的实用性，英国公司颜色实验室想出另一个绝妙的想法：专门生产潘通Matching Systen®提到的色彩笔。随后潘通彩通®就诞生了：第一个以酒精为原料的专业

记号笔，配备三种笔尖，一个精细，一个中等和一个宽笔尖。每种颜色都可以通过印在盖子上的数字代码识别。潘通®马克笔最初是为技术图纸而设计的。然而，因其实用性和非凡的色彩多样性，这种马克笔迅速在其他艺术领域如图形设计、漫画、插图和时尚中广受欢迎。最终产生了潘通和其他品牌的许多其他类似产品，如Pantone Letraset®、Promarker®、Copic Ciao®、Touch®、Mepxy®、Cheap Finecolour®、Spectrum Noir®、Zig Kurecolor®、Prismacolor®、Touch Five®、Touch Twin®、Brush Markers®、Winsor & Newton Pigment Markers®等。现在，世界各地都有各种各样的马克笔品牌，我们可以把它们组合应用，设计出我们想要的作品。

超细尖头

圆形细尖

笔尖

马克笔和特殊纸张的优点

一些水彩马克笔品牌

水彩马克笔（Winsor & Newton®）

阿克西奥超级刷（Copic Ciao®）

艺雅水彩笔（Lyra®）

温莎和牛顿®

理查斯特水彩马克笔（Pro Mar ker®）

马克笔有墨水或水的储存器

马克纸

专业马克笔有很多优势。它们实用、用途广泛、上色快、干燥快速，有些甚至具有可更换的尖端或可再填充。墨水颜色越饱和，随着时间的推移就越稳定，而较浅色调的墨水则不那么稳定。绘制背景和大面积色块时，它们非常紧凑，因此不会产生条纹（正常马克笔）。它们可以平铺，分层涂抹，也可以混合在一起。

无论是墨水，水基还是色素，较浅的色调更透明，而具有强烈渐变的色调则不透明。永久性和水溶性版本可与传统水彩画或其他干湿介质混合使用。当用彩色铅完成后，它们变得更加珍贵。相比之下，温莎牛顿®Winsor & Newton®的着色标马克笔色彩更饱满，因此它们可更好地覆盖所应用的区域，具有类似于水粉的效果。它们可用于绘制阴影，突出重点甚至可用于深色纸张。缺点是它们的高成本，这正是我建议将它们与水色结合的原因，因为它们具有相似的绘画效果。

缺点：很少用于均匀图层并使用各种针管笔或其他马克笔完成轮廓。旨在获得令人愉悦的阴影和其他逼真效果时，缺点会更明显。——摘自《实用方法日报》

混合、重叠的颜色

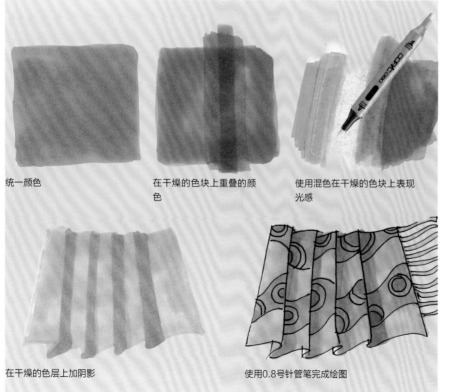

统一颜色

在干燥的色块上重叠的颜色

使用混色在干燥的色块上表现光感

在干燥的色层上加阴影

使用0.8号针管笔完成绘图

马克笔是透明的，它们可以相互组合以设计出新的颜色。它们可以相互混合，或与0号马克笔混合稀释颜色，0号马克笔没有颜色，但在这里非常有用。它可以遮盖或稀释较深的颜色，甚至可以与浅色马克笔重叠使用。通过简单地重叠应用于基色的灰色调，可以获得阴影和中间色调。重叠多种不透明且饱和的油墨和颜料时，需要格外注意，因为它们的颜色更多。为了避免意外，最好先在其他纸上试色。为了突出层次感并勾勒轮廓，通常将马克笔与石墨铅笔和彩色铅笔一起使用。

马克笔、铅笔、阴影

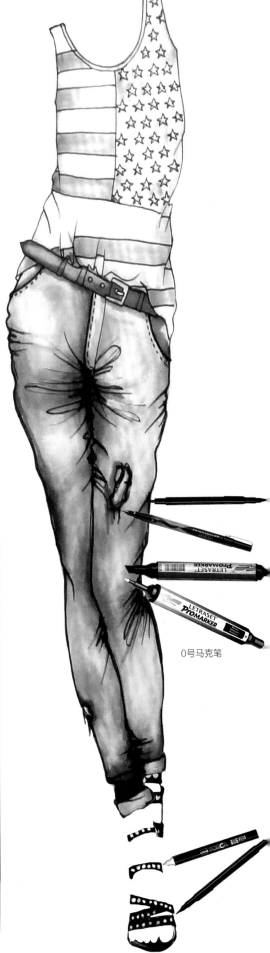

0号马克笔

用马克笔和4B铅笔绘制淡紫色礼服的松紧边和阴影。

在油墨仍然潮湿的情况下，再用马克笔上的淡色上色，用于表现较亮的区域。

用黑色线条做最后润色。

准备工作：主要技法

马克笔混合醋酸盐

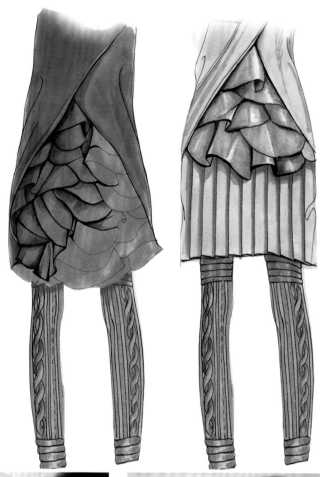

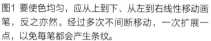

图1 要使色均匀，应从上到下、从左到右线性移动画笔，反之亦然。经过多次不间断移动，一次扩展一点，以免每笔都会产生条纹。

要绘制阴影，要做的就是等待墨水干透，然后根据需要重新涂抹。要增强阴影的强度，请使用相同的技巧，用马克笔第二次或第三次重复。

要绘制更深的阴影，请使用比基础层更暗的灰色。要添加颜色，最好使用带刷尖的马克笔。

图2 混合遮光。先绘制彩色阴影最常用的方法是使用一片醋酸酯，就像它是调色板一样。将颜色混合在其上，然后用较淡颜色的马克笔和0号马克笔相混合。接下来，就像马克笔是真正的笔刷一样，将颜色（吸收到笔尖中）带到图纸上。快速重复该过程，以免墨水变干。难点在于控制阴影，根据想要的效果移动尖端，并管理光影区域。为了使阴影更强烈，需要在使用其他颜色湿润时混合它们。在将其用于其他颜色之前，务必在另一张纸上清洁混合马克笔的尖端，以免污染颜色，并在手边保留一个额外的0号马克笔。

图3 转移阴影。该技术涉及将更强烈的颜色转移到较浅颜色的马克笔尖端，然后使用后者开始着色。当然，马克笔的尖端会变脏，在进行其他绘画效果之前，需要清除多余的墨水。要绘制更强烈的阴影，除了温莎牛顿马克笔的颜料，我还推荐使用刷头和水色马克笔，它们更不透明。这所展示的技法都非常实用，能够赋予你不同的绘画效果和氛围，但是需要大量的练习才能达到。参考颜色理论一章末尾的40色图表是很重要的，因为它是一种了解各种色调内部组件及其后续修改的好方法。

混合颜色的其他技巧

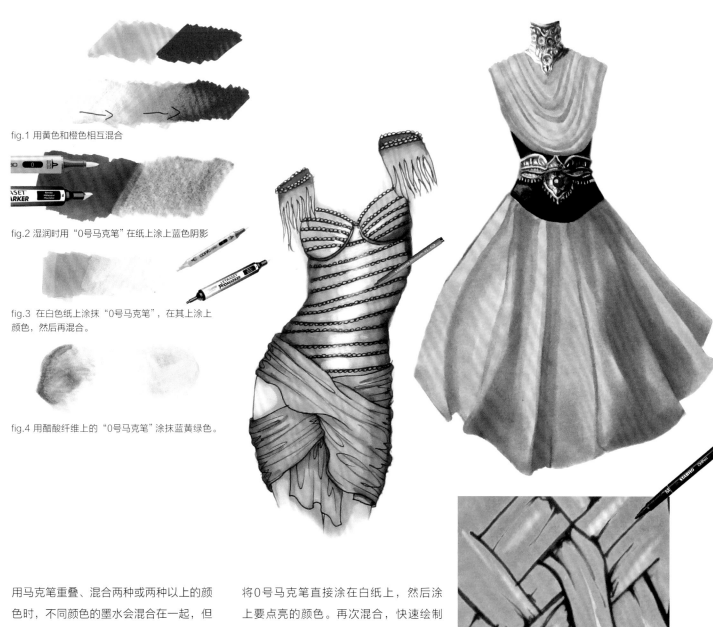

fig.1 用黄色和橙色相互混合

fig.2 湿润时用"0号马克笔"在纸上涂上蓝色阴影

fig.3 在白色纸上涂抹"0号马克笔"，在其上涂上颜色，然后再混合。

fig.4 用醋酸纤维上的"0号马克笔"涂抹蓝黄绿色。

用马克笔重叠、混合两种或两种以上的颜色时，不同颜色的墨水会混合在一起，但仅在湿润时才会混合。要设计阴影色差，需要结合两种或更多相似的色调：在湿润的情况下，将较亮或较亮的颜色传递到较强的色调上（fig.1）。

0号马克笔是唯一的无色马克笔，旨在混合、淡化和遮盖色调。有几种不同的方法可以绘制出自然的阴影效果。要绘制色调阴影，请将0号马克笔快速应用到你想要变亮的区域中的湿墨水，或者，如果墨水已经干燥，为了避免难看的污渍和环，你需要使用0号马克笔打湿整个彩色区域，只在你想要设计阴影的地方坚持摩擦（fig.2）。

将0号马克笔直接涂在白纸上，然后涂上要点亮的颜色。再次混合，快速绘制（fig.3）。在醋酸纤维素上涂抹至少一种颜色，并用马克笔的笔刷混合。将新颜色带到纸张上，重复直到你设计了所需的阴影（fig.4）。要强调白光区域，请从开始处留下没有墨水的区域，或使用0号马克笔使颜色变亮。如果这还不够，那就像印度墨水、凝胶、蛋彩画等白色颜料一样，完全覆盖光线区域，就像水彩一样。

增加褶皱层次

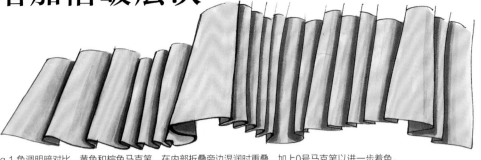

fig.1 色调明暗对比。黄色和棕色马克笔，在内部折叠旁边湿润时重叠，加上0号马克笔以进一步着色。

fig.2

使用马克笔在湿墨水上设计色调明暗对比，并用白色凝胶笔在干燥后绘制反射光

用专业的手法描绘出的褶皱可以更好地表现出三维效果。该技巧在前面的模块中已经讲解过，因此用马克笔使用该技巧应该不会太困难。

绘制金黄色的褶皱要在褶皱上均匀涂抹墨水。待其干燥，再次使用相同的颜色在褶皱重合处绘制阴影。在墨水仍然潮湿的情况下，添加更强烈的阴影，用马克笔绘制渐变阴影（fig.1）。对于各种颜色的褶皱，就墨水的应用而言，技巧是相同的，而阴影应该用0号马克笔完成，重新打湿每个颜色条带，使其变亮，同时不被其他颜色污染。或用一支白色中性笔，增加反射光的亮度。使用黑色针管笔完成了底稿，以获得更佳图形效果。Fig.2以黑色0.3 Micron®为基础，在各种色调均匀涂抹末端时给予明暗对比效果，中等灰色则表现织物的材质纹理。同时运用此笔为身体提供各种不同肤色。如果你愿意，一旦完成添加颜色，你可以再次使用针管笔覆盖边缘（fig.3）。

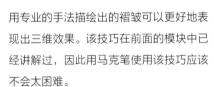

fig.3

裙子的细节延长了腿上的阴影

饰缝裙具体步骤

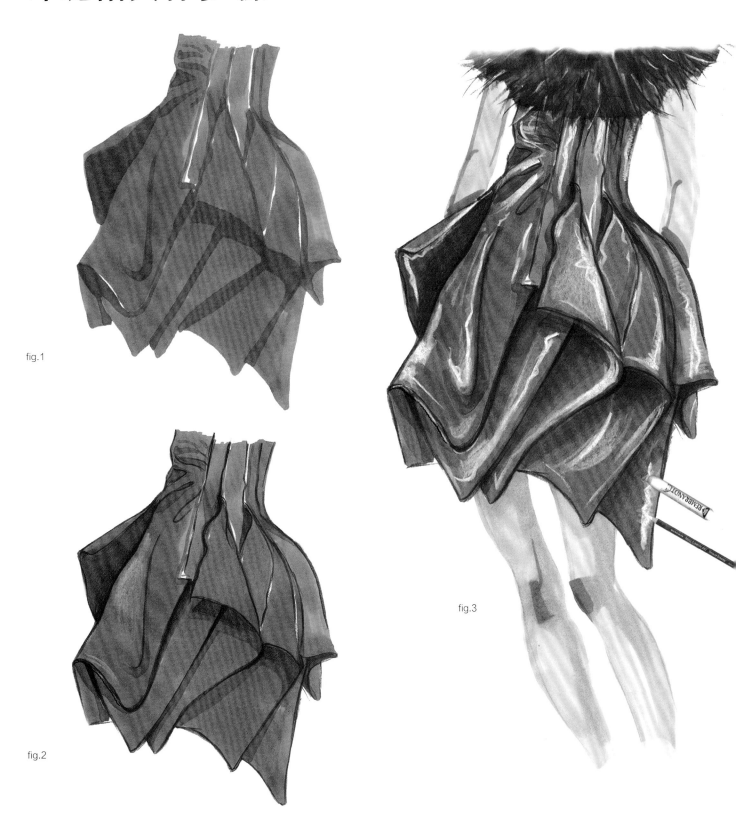

fig.1

fig.2

fig.3

这个练习适用于带有重叠饰缝的紫色裙子，每个饰缝都覆盖在另一个上，以突出阴影延伸的可爱效果。先铺上均匀的基色，一旦干燥，通过覆盖更强区域的技法

直接延伸饰缝的阴影部分，但要注意阴影的面积要适量（fig.1）。可以使用中灰色绘出类似的效果。使用相同颜色的细点马克笔，再次越过边缘，并使用紫色铅笔强

调最强烈的阴影以增加其深度（fig.2）。要设计闪亮的面料，请使用白色油脂笔添加反射光，如果还不够，请添加白色粉笔或蛋彩画，完成作品（fig.3）。

用黑色做最后修饰

渐变色的明暗对比

上图展示了用两种灰色调着色的褶皱效果，其中一种由于织物的颜色而较浅，而另一种则较暗，对于较厚的阴影，可使用带刷尖的黑色马克笔，而对于较薄的阴影，可使用Micron® 0.2针管笔。左图展示了衣服和皮肤的上色步骤。

透明质感

由蒂亚娜·卡彭佛里绘制。

为任何服装添加半透明效果其实都很简单。始终从底色开始如果你正在画一件半透明的纽扣衬衫，或者带有薄纱的衬裙或裙子（如本页图所示），应先绘制面料下面的颜色，然后是皮肤或者衬衫，再绘制半透明服装的颜色。织物透明度的强度会有所不同。重要的是永远不要覆盖底层颜色，而是添加到它上面，如本页图所示人物形象完成后，用3号Micron®马克笔添加黑色花边。金黄色短裙薄纱上的圆点花纹是潘通色卡中的颜色。绘制时可以用彩色铅笔强调同色调的阴影。此技巧与水彩画的技巧非常相似，只是绘画媒介发生了变化。

面部上色具体步骤讲解

在脸上绘制阴影的方法有很多种。使用什么技巧取决于是画特写（如此处所示）还是整个人物，以及想要表现的画面效果。最简单的方法是如左上角图显示的第一个方法，在整个皮肤表面均匀涂抹肉色。画面中嘴唇相当逼真，这是待画面干燥后，用红色绘制阴影得到的效果。将0号马克笔多次通过湿墨水直到达到期望效果来表现反射光。在侧面的图像中，通过使用0号马克笔越过最初施加的均匀颜色来表现皮肤较亮的部分。这是一个对比的过程，通过提高颜色的饱和度来突出它。随后，使用赭色铅笔、黑色铅笔绘制眼睛，并用马克笔绘制最暗的阴影。最后的步骤是绘制额头和肩膀上的"纹身"，以及波尔多围巾的蓝色花纹。

面部上色步骤

面部上色采用的是与上一页相同的技巧：以均匀肤色为基础，从虹膜开始为眼睛着色。然后用棕色和黑色铅笔勾勒轮廓，最后画睫毛和眉毛。嘴唇是用潘通®铅笔制成的。头发呈灰色和黑色，纸张留白表现反射光。再次用棕色铅笔来加强阴影和面部特征。

从绘图到上色

用棕色和赭色铅笔绘制出浅肤色。以蓝色为背景，用马克笔绘制皮肤和宝石。用铅笔绘制眼睛、嘴巴和阴影的明暗对比色调。

亮片的颜色是用马克笔和铅笔逐渐细化

的，注意不要破坏底色。用彩铅完成作品可以加强阴影，增大图像体积感。下巴下的强烈阴影突出了脸部与颈部之间的距离。

上色顺序

用马克笔和铅笔绘制

对于珠宝来说，灰色会更饱满。用彩铅给皮肤上色

用黑色马克笔和硬质黑色铅笔做最后修饰，用白色油脂铅笔和白色凝胶笔表现反射光

用黑色铅笔绘制发卡的阴影

用白色中性笔为皮肤上色

用混合彩铅笔表现画面

基础

亮片

用黑色和棕色铅笔绘制阴影，用白色凝胶笔绘制反射光

嘴唇用相似颜色的铅笔和白色中性笔完成

皮包的皮革花朵装饰及配件

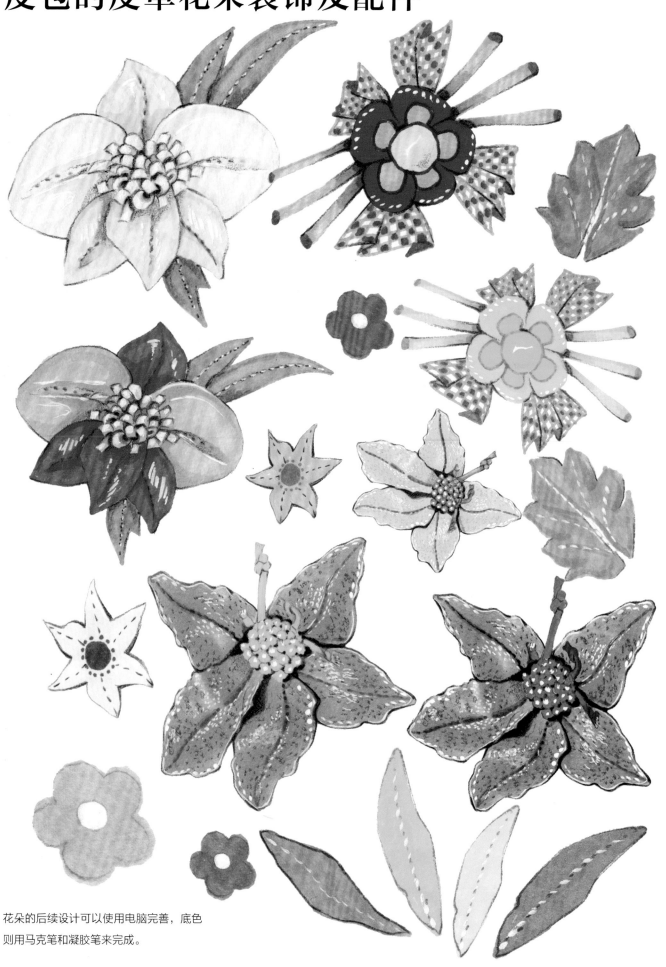

花朵的后续设计可以使用电脑完善, 底色
则用马克笔和凝胶笔来完成。

皮包绘制和数字化处理

底稿

款式变化

基础图

画出袋子的底部形状，均匀上色。干燥后用马克笔绘制阴影，然后用尖头马克笔完成绘制。要表现皮革质感，可以使用不透明的白色凝胶、白色蛋白或其他颜料提亮。使用电脑为画面添加花朵图案。尝试设计出其他图案或款式，这些灵感都来自于布奇里尼包包中。

花朵和装饰图案（适用于包类和配件）

装饰的设计后续可以使用电脑完善。

数字化处理皮包步骤

数字化装饰处理

所用技术与之前提到的处理方式相同。略
加变化可以设计出不同的款式

红色羊毛千鸟格包具体步骤讲解

基本图纸

用马克笔画主要颜色，水彩铅笔画出阴影

用黑水彩笔画出羊毛阴影

工具

首先从较暗的区域开始绘制阴影

马克笔和水彩铅笔。
在粗糙的Accademia Fabriano®纸上的
混合介质。马克笔为主要，水彩铅笔从色
彩更深的地方开始绘制阴影。黑色水彩笔
（用水）带出红色羊毛下面的延伸阴影。

白色中性笔绘制流苏花边蕾丝

在棕色纸板上用白色凝胶笔绘制花边

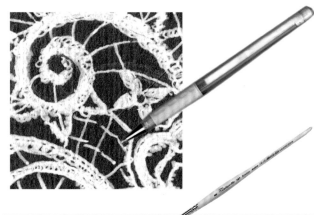

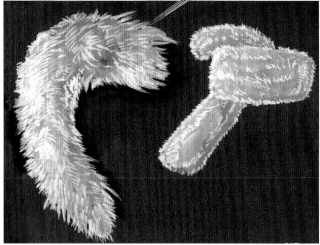

用白色印度墨水绘制毛领

流苏花

用电脑细化

电脑细化

流苏花边蕾丝是一种打结蕾丝，用细纱制作，显得轻盈、珍贵、华丽。它的细节可以用凝胶笔和针管笔在白纸或彩色纸上绘制出来。拼接之后可以设计出漂亮的白色蕾丝服装。

数字细化蕾丝和模块

图为用黑色针管笔和紫红色中性笔绘制流苏花边蕾丝的模块图纸。在电脑上工作，使用软件组装模块非常容易和快速，从全面到对称，从翻转到镜像等，并可在使用相同的原始图案时设计出不同的成品。

流苏花边蕾丝婚纱

灰色上衣和蓝色裙子具体步骤讲解

fig.1   fig.2   fig.3

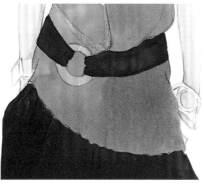

在光滑的纸上用铅笔绘出线稿（fig.1）。用马克笔均匀地涂抹衣服的整个表面上。用圆头马克笔将头发一绺一绺地画出来，绘制花环时，先从较浅的色调开始

（fig.2）。灰色衬衫上的褶皱用黑色线条绘制；用相同的灰色马克笔在干燥后用通过二次或三次的调整最终呈现褶皱的细节。为了强调裙子移动时面料上的阴影，

可再次涂上最初使用的蓝色。使用圆头马克笔来加深阴影面积（fig.3）。

流苏花边蕾丝婚纱

部分工具

用中灰色的衬衫加强阴影部分。白色粉彩
与白色笔绘制裙子上的反光，再用棕色铅
笔加强整个人物的阴影。

粉色和黑色刺绣连衣裙具体步骤讲解

礼服基色

在光滑的纸面画好线稿，礼服上色选用两种粉色的马克笔和浅灰色马克笔，营造晕开的阴影效果。用红色马克笔绘制红色刺绣。面部和头发采用相同颜色的马克笔，用硬铅笔画编发纹路，加强面部特征，并用马克笔和铅笔营造更强烈的阴影效果。

最后通过圆形尖端马克笔在衣服的黑色部
分着色。完成脸部和头发。上图为刺绣的
特写画面。

动物纹印花

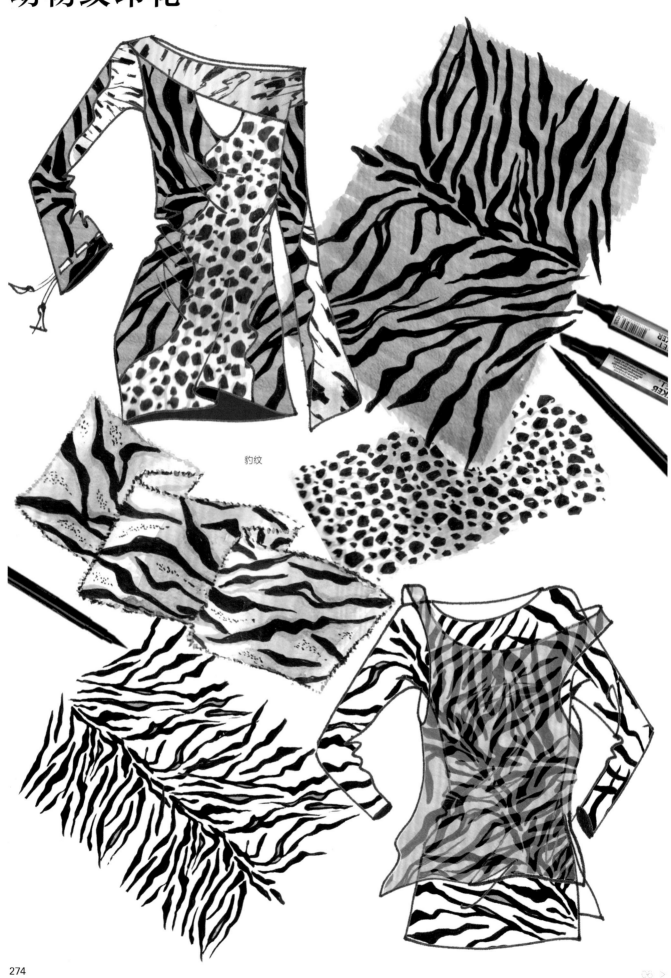

豹纹

动物纹和紧身裤

长颈鹿印花图案　　　斑马印花图案　　　豹印花图案　　　鳄鱼印花图案

在电脑上拼接印花图案。

动物印花鞋

蛇皮

在电脑上打印。

非洲大草原印花和数字处理

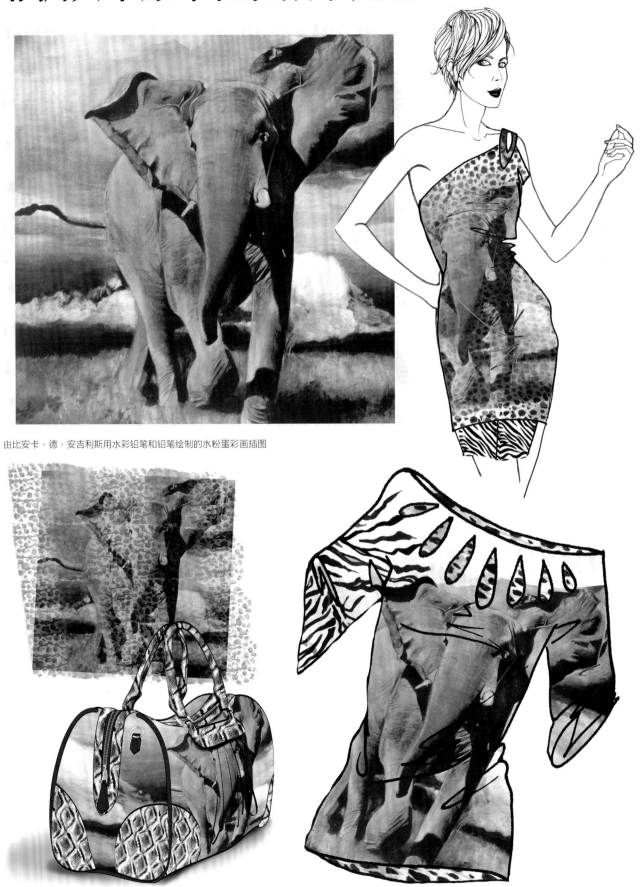

由比安卡·德·安吉利斯用水彩铅笔和铅笔绘制的水粉蛋彩画插图

在电脑上进行数字处理后，在包和成衣上
插入黑色马克笔绘制的印花图案。

非洲风格服装的时尚素描具体步骤讲解

此图需要用到马克笔、彩铅和光滑的纸张（F4）。用尖头黑色百乐®马克笔绘图。用0.5铅笔绘制基础图。人物用左手将条纹丰富的长裙提至腰间，产生了复杂的褶皱。为了画出裙子褶皱和人物头上打结丝巾的立体效果，在线条上涂色时，要一部分一部分地上色，笔触要跟随纤维的细微起伏。对于面部来说，用马克笔从最基础的肤色开始绘制，然后用铅笔涂上阴影。使用0号马克笔使颜料更加均匀。

使用马克笔设计人物后，使用相同的马克笔设计第一个阴影，然后使用色调渐变的软色和硬色铅笔。密切关注明暗对比的每个小细节，并认真细化每个区域。

高级时装衬衫具体步骤讲解

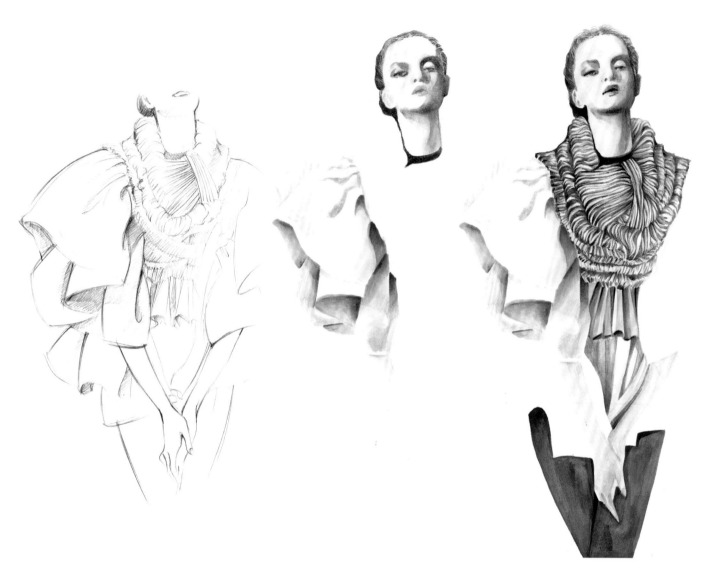

基色
0号马克笔在醋酸纤维
上的应用

醋酸纤维褪色技术

在另一张纸上设计铅笔线稿。从宽大的袖子开始，使用粉末涂抹在醋酸纤维上，用0号马克笔的笔刷尖，不断添加颜料。在醋酸盐中添加一点黑色和棕色的阴影，但不要太重。始终使用混合色的马克笔和底色的粉色绘制。使用相同的步骤，在衬衫中央褶边的每个条纹上上色。最后，细化扩展阴影，增大整体体积。

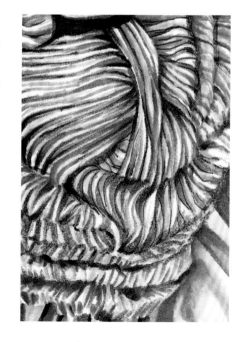

呢格子草图

本图用2H铅笔绘制。绘制者使用各种颜色马克笔和灰色调绘制扩展阴影。

这幅即兴草图需要用到光面纸、有色马克
笔、铅笔和水粉蛋彩色等绘制。

基本技法织物样本

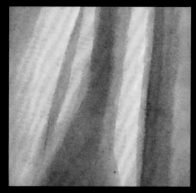
在湿墨水上使用0号马克笔着色。

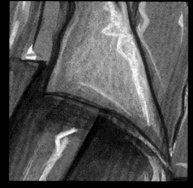
重叠的阴影和白色铅笔。

用针管笔强调重叠处的过渡。

在醋酸纤维上混合0号马克笔。

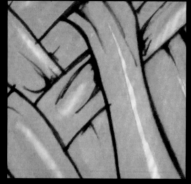
黑色马克笔和白色中性笔的轮廓相结合。

用粗笔尖和细笔尖相结合。

同色调，0号马克笔结合针管笔表现蕾丝。

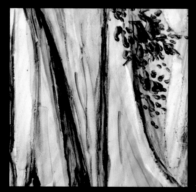
湿阴影马克笔。

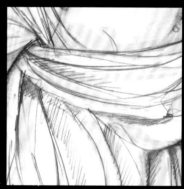
马克笔，0号马克笔和铅笔的综合表现。

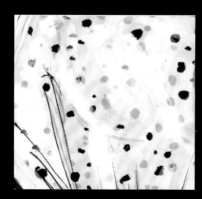
基础肤色和白色基础色。

用马克笔、针管笔和中性笔综合表现阴影。

水彩马克笔（用水），铅笔和凝胶笔。

混合技法织物样本

在棕色纸板上用白色胶凝笔绘制。

普通马克笔叠加在醋酸纤维上。

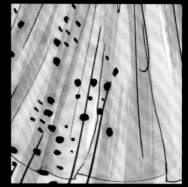
在干燥后的底色上叠加马克笔。

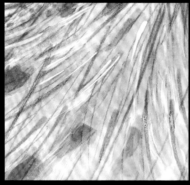
在湿的介质下叠加普通马克笔、0号马克笔和铅笔。

用马克笔统一叠加阴影。

铅笔和凝胶笔绘制效果。

尖头马克笔，铅笔和凝胶笔。

同色调马克笔和细圆头马克笔。

马克笔和硬彩铅绘制效果。

用马克笔和铅笔绘制。

马克笔，针管笔和铅笔。

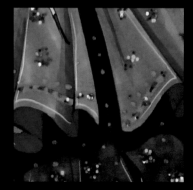
马克笔阴影和拼贴亮片。

毛皮和金银丝织物®样品混合介质

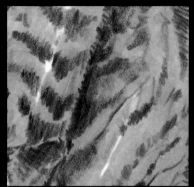
用马克笔和铅笔绘制。

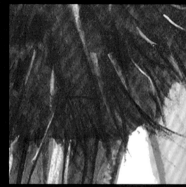
马克笔和铅笔叠加使用。

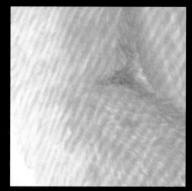
0号马克笔混合醋酸盐。

用醋酸盐叠加遮盖马克笔。

用醋酸盐叠加遮盖马克笔。

用马克笔、铅笔和中性笔绘制。

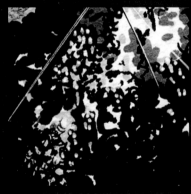
用马克笔、白色背景和凝胶笔。

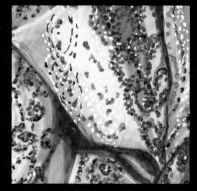
醋酸盐叠加凝胶笔上。

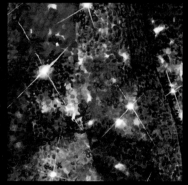
用马克笔和凝胶笔绘制。

笔、凝胶笔叠加 。

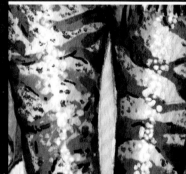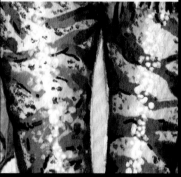
马克笔和 凝胶笔绘制。

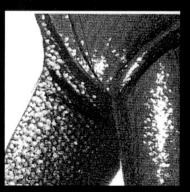
用马克笔 笔和凝胶笔 绘制。

混合介质面部细节绘制

马克笔、0号马克笔、铅笔和白色凝胶笔。

马克笔、0号马克笔和铅笔。

马克笔、0号马克笔和彩色铅笔。

水彩马克笔和铅笔。

水彩马克笔和铅笔。

马克笔和0号马克笔混合醋酸盐。

马克笔、0号马克笔和铅笔。

水彩马克笔和铅笔。

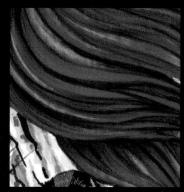

马克笔和铅笔。

马克笔、0号马克笔和铅笔。

马克笔和水粉蛋彩画。

马克笔、0号马克笔和铅笔。

铅笔线稿

此处需用到光滑、不吸水、专门为马克笔设计的纸张，你还可以用刷子或手指（如图所示）将颜色相互抹开，表现出即兴绘画效果。与往常一样，一旦上色，一定要从图画的最前面开始。

绿色缎面和黑色刺绣时装

工具

0号马克笔遮盖铅笔痕迹

0号马克笔可将铅笔中的颜料变成液体形式，从而可以绘制出阴影。然后，一旦干燥，再次使用马克笔覆盖图像。这种技术特别适用于第一个概念草图。

长款亮片羽毛连衣裙具体步骤讲解

绘制者接连使用了多种马克笔，从较轻的马克笔到较饱和的马克笔，用湿画法进行绘制。用黄色和白色水粉蛋彩色画出礼服上的亮片，再用铅笔定型。

长款红色缎面连衣裙具体步骤讲解

图中模特姿势与上图相同。用0.7mm铅笔进行基础绘图。在第一次阴影干透后再用红色基础马克笔再次上色，用阴影铅笔绘制起伏的褶皱。用硬棕铅笔定型。

棕色铅笔

细节分段

用中灰色马克笔和带刷尖的黑色艺雅马克笔表现皮肤和头发的阴影，用白色水粉蛋彩色表现光反射。

动物印花服装具体步骤讲解

图为用0.7铅笔、300g水彩纸绘制的混合
技术时装素描。此外，还需要用到各种颜
色的马克笔、硬铅笔、水彩铅笔、水彩，
白色蛋彩色等。最后给最前部上色。

在水彩背景上交替使用各种工具强化画面上的阴影细节，最后用白色水粉画出反射光。

用马克笔和水彩绘制

用水彩、马克笔和铅笔绘制

用马克笔、白色水粉蛋彩色绘制

用马克笔和水彩绘制

亮片晚礼服具体步骤讲解

由马克·布基设计

此处需要用到300克水彩纸。先给方块上色，留下小块的白色区域。待干透后，在空白区域点灰色圆点。最后涂上大面积黑色，增强色块对比度。头发用马克笔和赭色、棕色、黑色铅笔绘制。肤色用水彩马克笔和铅笔表现。

先上色

绘制灰色点色

绘制黑色背景色

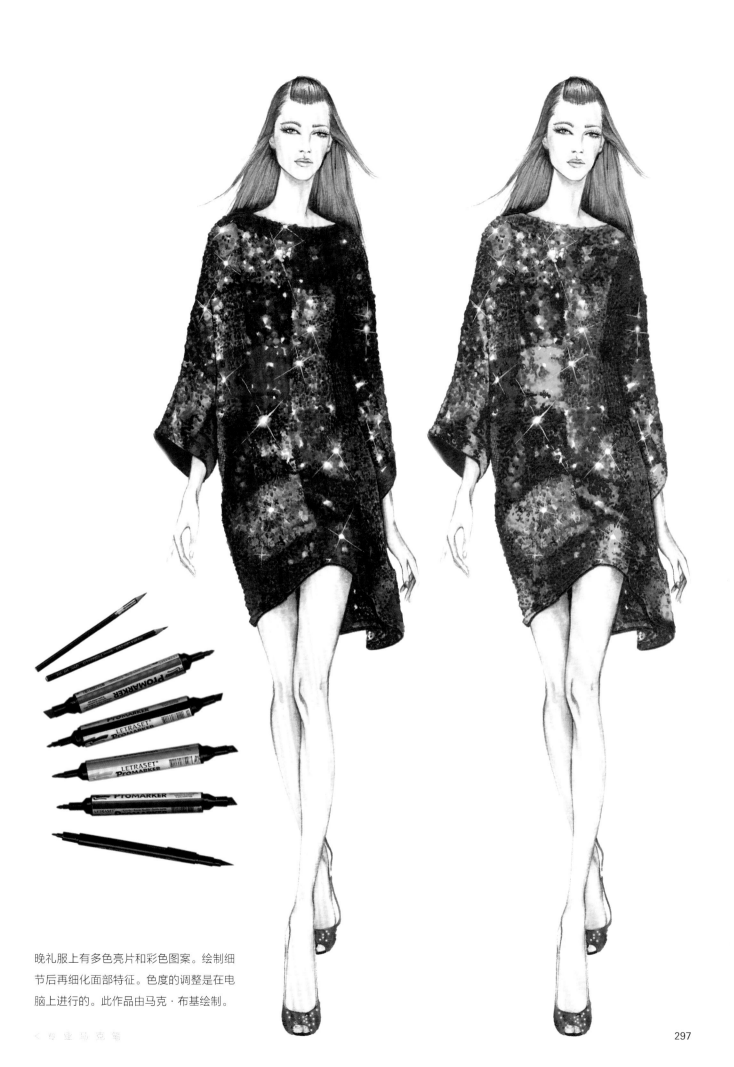

晚礼服上有多色亮片和彩色图案。绘制细节后再细化面部特征。色度的调整是在电脑上进行的。此作品由马克·布基绘制。

薄纱和蕾丝晚礼服具体步骤讲解

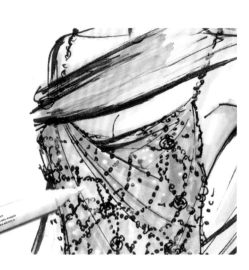

此作品是用光滑的纸绘制的。绘制者用紫红色凝胶闪光笔来画皮肤和鞋子。待其干燥，再用颜色很淡的马克笔给裙子上色。用带有刷尖的黑色Lyra®马克笔绘制褶皱的柔和质感。用0.3、0.5的针管笔画花边。用白色颜料马克笔表现高光区域。

连衣裙和头发具体步骤讲解

本页需要用到基础绘图和效果图主颜色应用。图第一色层是使用0号马克笔和铅笔绘制的。绘制者接着给头发上色，完善细节。再用黑色铅笔给头发及裙子加深阴影。

基本线稿

主要颜色应用

第一个色调明暗对比

最后完善画面使整体效果更强烈

蝴蝶连衣裙具体步骤讲解

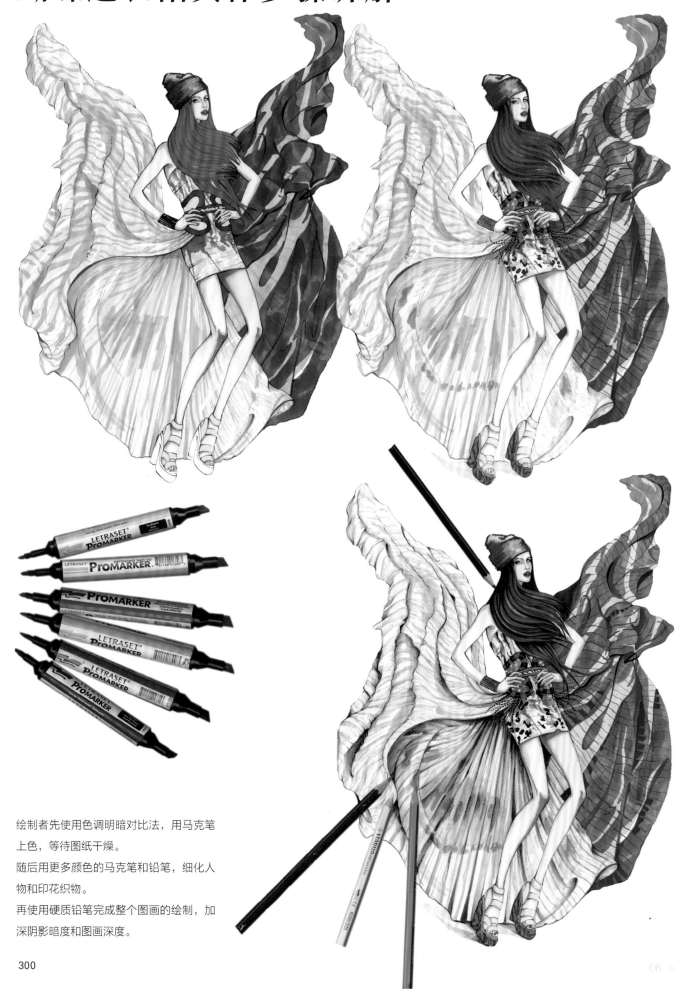

绘制者先使用色调明暗对比法，用马克笔
上色，等待图纸干燥。

随后用更多颜色的马克笔和铅笔，细化人
物和印花织物。

再使用硬质铅笔完成整个图画的绘制，加
深阴影暗度和图画深度。

黄色刺绣丝缎晚礼服具体步骤讲解

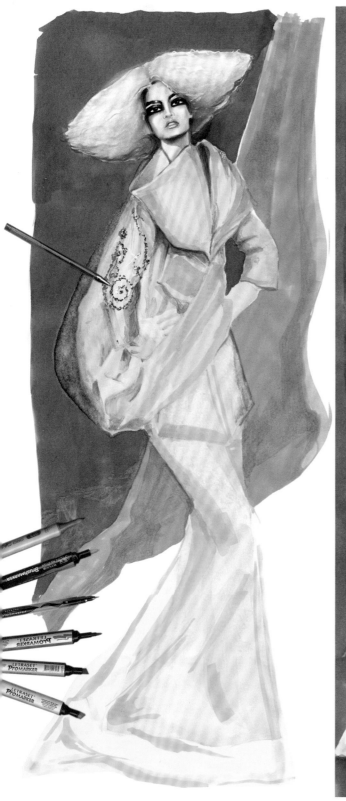

此图是在不吸水的光滑纸上绘制的。先用马克笔绘制灰色背景，待其干燥后，再次使用黄色马克笔上色，开始设计第一个色调变化；再用橙色马克笔上色，干燥后，用刷子尖绘制色彩明暗对比。

通过将0号马克笔浸入皮肤的肉粉色，橙色，棕色和黄色涂在醋酸纤维上来表现面部，化妆品和头发。在醋酸纤维纸上，用黄色、橙色、红色和棕色为礼服上色。使用混合马克笔，逐渐混合它们，然后绘制

阴影，逐步在仍然湿润的墨水上上色。在醋酸纤维纸上，在已经涂抹的颜色旁边添加一点黑色，然后继续设计明暗色调。绘出连衣裙后，用橙色、紫红色、紫色和白色的凝胶笔、闪光笔进行装饰。

用普通马克笔混合0号马克笔在醋酸纤维上。

颜色和它们的含义

我喜欢色彩，它是时代的呼喊
蠢蠢欲动，无法停歇，无比重要，
是万物的答案，也是我存在的意义。

——阿尔达梅里尼

至今为止，我们都是从理论的角度来看待颜色和它在时尚中的意义。但颜色的数量浩如烟海。色彩的诞生先于人类，对于人类来说，对色彩的感知是对这个世界的第一瞥。交流意味着给予，而色彩正是大自然给生物的"礼物"，它可以给人类生活的每个领域中提供个性化和集体化的美妙感知，审美和情感体验。色彩的力量和色彩之美，推动了文化和人类的发展。试想古代寺庙的彩绘墙壁，拜占庭教堂的闪耀马赛克、壁画和具有中世纪神秘色彩的彩色玻璃。或文艺复兴时期，巴洛克和洛可可艺术的奢华承载。色彩有象征意义，它伴随着每个时代的军事和历史，为时代和品味做出贡献，区分社会地位和职业。从古代使用水晶，发油和彩色织物以来，颜色一直被赋予仪式——象征——治疗价值。每个色调都与一个标识其潜力和功能的名称相关联。古希腊人第一次对颜色的特性及其对人类的益处进行了理论研究。他们是第一个将声音、气味、味觉和触觉结合起来，说明颜色审美意义的。从19世纪开始，美学、社会学、符号学、电影、设计和时尚：每个人都说是它的一部分，也希望最终找到颜色的含义。但是，我们仍然无法清楚地界定颜色的分类。颜色非常重要，每个人都需要它，尤其是大众媒体和广告，这主要归功于它的感染力。

在艺术的精神方面，坎丁斯基指出，色彩是内在发光的东西，是心灵感受到的东西，它不仅仅是表面的，颜色也可以通过各种形式加强或削弱。颜色与感官感知相关联，搭配锐利图形（如三角形）时，明亮、生动的颜色会变得更加强烈。

马克斯·勒舍尔（瑞士心理学家、哲学家和心理治疗师，因其对人类心理状态的研究而闻名于世），是第一个使用颜色来表现隐藏的情感，使意识变得可以理解的。在勒舍尔颜色实验（1949）中，他展示了他的色彩测试，它证实了色彩是一种客观的、非语言的工具，可以直接获得主观情绪和对自己的感受，因为颜色和情绪是同一种语言。在物理上，已经广泛证明不同颜色会产生不同的心理反应。例如，红色使人兴奋和心跳加快，蓝色具有镇静作用，黄色使人更有活力，橙色乐观，如果与红色相关，会导致饥饿，而浅蓝则可抑制食欲。黑色可产生一种压迫感，白色的田野可以使人平静或更焦虑。

米歇尔·帕斯托罗是历史学家和人类学家，在他的书籍《色彩小著》（Le Petit Livre Des Couleurs）中，他用精彩轶事来解释了色彩与社会传统、风俗和思想中的关联。他赋予颜色个性，如称蓝色为"我们的虚伪"，绿色是"底牌"，"黄色"具有臭名昭著的所有属性，红色为"火与血，爱与地狱"，颜色被统称为"影响我们想象力的符号和习惯"。

鲁道夫·施泰纳（医生、教育家、哲学家、神秘主义者、艺术家、讲师、人类和欧洲人的创始人）将他的一生奉献给人类精神实质的研究，他从色彩的深层意义上看到了通向人类头脑和灵魂的道路。他从歌德的色彩理论开始，发展了关于格莱斯的个人精神理论，这种理论与牛顿的色彩理论相对立，影响了许多当时的艺术家，包括康定斯基、马列维奇和蒙德里安。他甚至在包豪斯大学中加入了色彩课程。他创办了许多小学和中学验证他的理论（华尔道夫法）。从那以后，色彩课程在全球范围内广受欢迎。艺术和色彩精神本质的理解过去不是、今后也不会是某个课程的事后说明，而是连接每个学科的动力，与每个学生的学习成长相关。现代社会中，色彩与现代世界的服装和服装历史息息相关。乔治·福勒加尔表示，颜色用于服装的主要原因是它能够修饰身材。这种感知是心理的，色彩承载于人们穿着的时装，并与穿着者融为一体。通过这样的方式，人们对权力、重点、地区及社会群体的归属感逐渐增强。时尚专家非常清楚这一点，因为他们用颜色作为沟通的主要载体。

除了色彩的饱和度外，色彩在世上的应用还包括无限的色彩和色调组合，就像马赛克片段一样，这能适应各种目标市场。例如，当今时尚产业最大的趋势是性别流动性，那么一切都是自由混合的。儿童的色调通常是粉红色、淡蓝色和其他粉彩的柔和色调。对于不断变化和成长的年轻人来说，黑色、灰色和高度饱和的颜色，霓虹色和广泛的色彩对比是首选，这些颜色能够表达活力、精神、新鲜和变化。高级时装，包括经典的高级服装和独家服装，往往采用柔和的色调，适合日间穿着，如无色相和白色、烟灰色、珠光色、蓝色，米色的柔和细微差别。此外，新奇、活泼、发光的色彩，甚至是黑色，常用于晚礼服，包括金色、银色、亮片和珍贵的刺绣。对于严肃的场合，如外交机构、银行或政治场合（特别是西方国家），色彩的使用更为重要。蓝色和黑色等色彩在非语言交流中起着至关重要的作用，因为它们具有象征性，代表着安全性、稳定性、优雅性和保密性。

每种颜色的含义

颜色被赋予符号值，有时甚至是对比度。没有任何一种颜色具有绝对的意义，因为它根据历史时代和定义它的文化而变化。下面的描述总结的是标准概念，主要是色彩在时尚中的使用及最常见的色彩和色调组合。

红色

红色是血、火、太阳和力量的颜色。 它是所有颜色中最重要和最具活力的，是爱和勇气的主要象征，也代表永生和激情。它表达了尊严、高贵、英雄主义、同情、力量、慷慨，还有暴力、仇恨，盲目嫉妒和死亡。在不同的文化中，它有从纯洁到婚姻、胜利、牺牲、哀悼等不同含义，它是庆祝的颜色，也是重要节日的颜色，如圣诞节和新年。愤怒的脸红，羞愧的脸红；穿着红色，涂抹腮红，红地毯和鲱鱼的红色只是这种颜色的部分表现形式。

在哲学层面，红色与欲望、饥饿、睡眠等原始冲动有关系，如果在餐馆中使用橙色，会让人更加有食欲。橙色是工人在19世纪和20世纪对抗资本主义时使用的颜色，橙色在社会中用来表示危险、警报、火灾等。在时尚中，亮红色是最显性但也最难以驾驭的颜色之一，但它也是奢华和性感的缩影，在精英场合、鸡尾酒会、庆典以及令人难忘的宴会和盛会上都有它的出现。红色是瓦伦蒂诺晚礼服最钟爱的颜色之一绝非偶然，这是一种将深红色，紫色和镉色进行调和的中间色。将这种颜色柔化可以产生马沙拉色、波尔多色、珊瑚色、原色红、红宝石色以及紫色。这些颜色通常与红色结合形成一些经典色调，比

如黑色、海军蓝色或者紫罗兰色。想要更具女人味，则需要结合柔和的色彩，如珍珠灰、奶油色、米色。裸色晚礼服常常是与金，银和铜相结合，使礼服更加迷人。这套礼服采用缎面面料制成，领口有褶边。

粉

粉红色使红色变得黯淡，它将红色转化为甜蜜、优雅、宁静、精神的爱、细腻、热情好客、合作、感恩、希望、乐观、冷静和放弃，但过度使用会起反作用。粉色可以表达甜腻的、甜美的、易受影响的、炫耀。除了浅蓝色和精致的粉彩外，粉红色也与童年和青春期有关。它多用于家具、服装、玩具和卧室的装饰，可唤起年轻、无忧无虑的时代的回忆。对于很多人来说，它是一种无性色。它作为女性色彩的归属仅在最近发生。即使在今天，衣柜中粉红色的使用也是有限的，在被认为是暗含情色意味的颜色之前，不论男女都喜欢用这种颜色，直到资产阶级革命的发生。它常被认为是幼稚、情感充沛和情绪化的同义词。直至20世纪50年代，它才被正名。上世纪末及本世纪初的女性已经证明了她们的坚韧和道德力量，在任何职业中女性都能够承担更重要的社会角色和责任，女性可以充满自信地穿着泡泡糖粉色。现代造型师也发现它的女性气质特性。粉末、泡泡糖、玫瑰石英、鲑鱼、紫红色和霓虹粉色使色调更为理想。根据色调的搭配方式，它可以呈现优雅、清醒或侵略性的感觉。它是完美的蓝色、牛仔布、白色、浅蓝色、淡绿色、珍珠灰色、沙子和橙色或生锈的色调，卡其布，甚至天鹅绒般的棕色。在紫红色和令人震惊的粉红色（著名的"夏帕瑞利粉红色"）等更明亮的色调中，它可以与更亮的色调和霓虹灯搭配。当与黑色结合时，它变得不可抗拒。

棕色

棕色是土壤的颜色，是树干的颜色。它代表了谦卑、繁殖力量和再生。它的外观具有不同的感知内涵：当黑暗和寒冷来临时，它变得沉重、坚硬、动态不足、沉默；它让人想起不育、干旱和破坏性的力量。当它变暖时，会让人感到安慰、放心、有益、平衡、柔软、感性和丰富。在过去，仆人、奴隶和乞丐会穿棕色衣服，而圣弗朗西斯则选择棕色表达他的贫困誓言。在它的各种版本中，棕色激发了人类的温暖、慷慨，但过量则可能会变得沉重，这意味着思想僵化，通过坚持旧的做事方式来加强主导倾向。在家具的应用中，它以各种色调表现热情、放松和精致感。它被更多的用于男性服饰，特别是西装和大衣上。从寒冷到温暖的栗色、焦赭色、锈红色、酒红色、巧克力色、皮革色和榛子色等各种色调。用于缎面、丝绸天鹅绒和皮革时，非常时尚；在亚麻材质中，它能显示穿着者的阶级和风格。在深色调中，如果与明亮的浅蓝色，鼠尾草绿色，朱砂，甚至靛蓝色、粉蓝色、紫色、橙色、赭色、白色、玫瑰石英、鲑鱼粉等色调。

橙色

这种温暖，阳光的色彩表达了生命的能量、神秘主义、运动、快乐、自发、表现力、独立性、积极性、野心、重生、乐观、内心平衡和牺牲。它的辐射感会刺激

头脑。虽然橙色使人精力充沛、充满活力、积极而快乐，但它也可能有负面意义，如歇斯底里、沮丧、幻觉，表现主义和冲动。佛教僧侣穿着橙色象征着奉献生命。而在中国文化中，这是种预兆。在时尚中，橙色象征着现代化、青春和活力。它在夏天会呈现出更加饱和的色调，黄橙色和霓虹色。而在单色调下，橙色也会产生很大的冲击力，当色彩单一时，它会用许多特点来创造不同寻常的风格。橙色在

光下、透明的纤维上，都特别具有吸引力。当与亮色或者类似颜色混合后，它的强度就会降低。它与黑色的结合绝对是光彩夺目，或者作为配件来打破沉闷暗色调服装的严肃色调。在秋季和冬季，建议使用较为温和的赤橙子，从桃色到焦赭色。在其各种分类中可以与橙色搭配的几种颜色有：浅蓝色、深蓝色、绿松石、翠绿色、橄榄绿、亮紫色，黑色，珍珠灰，奶油色，白色，米色，棕色等沙色、青铜色、黄铜色和金色等。

黄色

黄色是太阳和黄金的颜色。它一直是灵性和光明的象征。它是色谱上最明亮的色调，因为它最接近白色。在情感层面，它表达了幸福、能量、生命力、乐观、外向、表现力、动力、天才、智力、积极性、知识和智慧。与这种颜色相关的负面品质包括幻觉、疯狂和妄想。当它倾向于柔和的绿色时，它呈现出一种"病态"感，成为嫉妒、贪婪、极端自卑感和懦弱的象征。在中世纪时期，它常常代表背叛和欺骗，也代表智慧、皇室。在古埃及，它是哀悼的颜色。在东方，它意味着懂得取舍。把你学习或工作场所的墙面刷成黄色，有助于集中注意力，因为它会让大脑更理智（即大脑的左侧，逻辑思维的位置）。在时尚中，它是夏天以及工作之余的闲暇时光的必备颜色。它常见于饱和色，但也有阴影——从柠檬到石灰、香蕉、霓虹灯、黄金和赭色。当穿着鲜艳的粉红色、霓虹色和活泼的色调时，它是相当有活力的。当与鸽子灰、奶油色、粉红色甚至牛仔蓝搭配时则显得很精致。穿着黑色时，它简直就是迷人的。浅黄

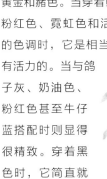

色可与其他温暖、凉爽的粉彩混合，如淡紫色、兰花、鼠尾草绿、淡绿色、灰尘蓝和烟草。建议使用更浓烈的深黄色，如蛋黄色、金黄色、黄油色、芥末黄、绿色、棕色、赤褐色、梅红色、樱桃红、蓝色和紫色进行搭配。此外，穿着黄色或使用黄色饰品，如包、皮带、鞋类、围巾或珠宝时，搭配深色服装，能为整个造型增添明快和个性。

绿色

绿色让人感觉平静、悠闲和和谐，这就是为什么在森林或田野中漫步会让人平静。如果绿色是明亮的，它代表希望、平衡、自我控制、同情、兄弟情谊、适应能力、生育能力、青年、对自然的热爱、稳定性、一致性和坚持不懈。应用于黄色调或深色调中，它可以代表野心、嫉妒、停

滞、无聊和抑郁。在某种程度上，它是一些毒药的颜色，在人体上看到它表明严重的疾病。在许多文化中，它与春天、金钱和重生联系在一起。在社会层面，绿色通常用于表示积极的事物，如批准或许可、有机食品、天然产品和自然保护。在时尚

中，绿色经常用来表示积极的事物，比如"前进"或者允许、有机食物、天然产品和自然阻力。海蓝宝石、橄榄、石灰、霓虹灯、汽油、板岩、卡其色、苔藓、祖母绿、鼠尾草、草等。在情感层面上，它使人联想到生命。它很容易适应不同的风格，搭配闪亮的面料时，它会显得非常华丽。当它更暗时，它与奶油色、粉红色、珊瑚红色、浅黄色、李子色和橙色相得益彰。在自然或强烈的色调中，它可以与红色、黑色、金属灰色、白色、淡蓝色、银色、青铜色和黄铜色搭配。在橄榄色或卡其色的色调中，它具有军事或殖民风格，可与波尔多红、金黄色、天然蓝色、赤土橙、白色、奶油色、米色、鲑鱼粉色和黑色搭配。

蓝色

蓝色是天空、海洋、冰和宇宙的颜色。深蓝色是主要色彩中最酷的，象征着最高的灵性和净化程度。它代表了皇室、贵族、直觉、诚实、尊重、奉献、真理、和平、信仰和灵感。它是深度中介和沉默的颜色，代表着宁静、内省、安全和理想主义。更多的负面含义可能是情绪不稳定、偏心、孤立、势利和内向。在很长一段时间里，蓝色是由青金石和蓝铜石制成的，这两块石头因其纯净的色彩和令人难以置信的美丽而备受赞赏，特别是在古埃及。在不同的颜色中，蓝色具有双重意义，从不朽到神圣，从灵性到沮丧，从哀悼到重生。对于卡拉瓦乔来说，它是毒液的颜色。蓝光有助于对抗新生婴儿的黄疸，建议男婴的房间使用较轻的蓝色调，也可以使用蓝色床单，因为它有助于放松。它不适合用于谈话的地方。通常，蓝色代表严肃性、灵活性和奉献精神——只需想象蓝色的政府汽车、双排扣外套、统一形式和旗帜。它确实是金融和政治的最佳颜色，因为它给人健康、诚实和可信赖的感觉。在时尚中，蓝色是所有颜色中最耀眼的那个，因为蓝色有辨识力，实际中和所有颜

色都可以搭配来穿，无论是经典色、淡色还是霓虹色，蓝色与之搭配起来都显得时尚又有品位。对牛仔布来说是不可抗拒的。它适用于几乎所有西装，如果正式，它以一种完全独特的方式表现出优雅。它可以轻松应对从白色到珍珠、粉红色和各种温暖，如焦赭色、沙色、亮紫色和饱和、明亮的色彩。它能平衡颜色块，并且增强互补性。在霓虹色调中，当与黑色或金属色一起使用时，它会更为突出。

靛青

在光谱上，靛蓝位于蓝色和紫色之间。它也被称为午夜蓝，是灵性和知识的象征。从积极的方面来说，它代表着内心的追求、接纳、牺牲精神和兄弟情谊、尊重、保密、对责任的奉献、正义、理想主义、对自然的热爱和非物质化。在其负面含义中，靛蓝与孤立、抑郁倾向、情感夸张

及缺乏实用性、实用主义相关联。在时尚界，设计师故意使靛蓝色褪色，用来为牛仔裤上色。靛蓝色与蓝色搭配效果理想。

紫色

紫罗兰是净化、牺牲、神秘、变态，以及放弃所有世俗的精神和超自然的缩影。它代表了深刻的冥想、奉献、牺牲、理想主义和古代。在不同的文化中，它具有不同的含义：威严、皇室、高贵和智慧，还有不幸、痛苦、哀悼、魔法、忏悔和死亡。在意大利语中，说某人有"紫罗兰色的字符"，意味着他们善变、抑郁、内向、有点喜怒无常，并且倾向于隐形。在感知层面上，它被认为是一种具有个性、抽象、掠夺、不确定、精致、强大和有前途的颜色。这是一种难以接受的颜色，这可能是因为它在振动频谱上具有更高的频率，恰好出现在人眼不易察觉的紫外线之前。虽然它很美，但很少用于与性能相关的设置，因为它常被认为与运气不好有关。在时尚界，它是一种单性色，即使经常被女性穿着也是如此。纯紫色的色调包括紫蓝色、干净的蓝紫色、紫水晶和深紫色等。应用于对比组合，它具有很强的视觉冲击，如火红色、黄色、藏红花、橙色、绿色等。它可被粉红色、沙色、卡其色、钢灰色和珍珠色等蓝色粉彩所柔化。与牛仔布搭配非常显年轻，特别是橄榄绿、巧克力色、焦赭色、皮革色等颜色。结合黑色时它很优雅。在应用于缎面、丝绸天鹅绒和雪纺的单色晚装时，它给人性感和奢华的感觉。

灰色

由白色和黑色相结合而成，冷灰和中灰色会削弱其他颜色的表现，并以银色调的形式表现出脱离、内向、期望、中立、忧郁、自我保护、谨慎、明显的漠不关心等。这种颜色是带阴影的，它会让人想起连绵的雨天，让人联想到大气灾害发生前扭曲的云朵、雾、薄雾、灰尘，灰烬和干

燥的泥土。浅灰色是亮度更高的银色，它是无常、暮年和智慧的代名词。根据勒舍尔的色彩测试，它没有刺激性，这就是为什么许多人认为它代表悲伤、单调、微不足道，与生命力相反的原因。对于天主教会来说，它是忏悔和赎罪的象征。在时尚方面，它是卓越的主权色彩之一。在各种色调中，它与一切都相符。它可以改变风格或外观，变成任何东西。它就像水。暖灰色可以为暖色绘制阴影，冷灰色可以为

冷色绘制阴影，也能够与光谱上的所有颜色产生互补。灰色是优雅的，相对于黑色而言，它不是那么极端。灰色表现出来的礼貌是带有诱惑和尊重意味的，因此乔治·阿玛尼将珍珠灰作为他风格的标志。灰色有无数的色调，从铁色到鸽子灰色，从冰冷的色调到迷蒙的粉彩色。灰色在一千种场景下有一千种诠释方法，不管是整体都是灰色，还是破碎的灰色，甚至是作为搭配的灰色，都会带来不同的理解。灰色总是很有魅力和吸引力的。当用于细条纹织物和格子呢时，它有英国的感觉。它的暗色调和中色调适合搭配橙色、淡紫色、森林绿、粉色、暖茶色、枣红色、红色、浅蓝色、牛仔布色、黄色、橘黄色、橄榄绿、靛蓝色、黑色、白色和菘蓝色。它的暗度更亮更冷淡，类似于白色但是又有点柔和，和蓝色和黑色搭配在一起非常优雅，和霓虹色和牛仔布色搭配在一起非常运动，与饱和的松蓝色搭配在一起会让人非常振奋，和金属色搭配在一起具有未来主义特色，在卢勒克斯®织物中非常迷人，在侯赛因·卡拉扬的变形金刚服装中具有银质光泽、金属质感和幻想空间。

白色

白色是纯粹的光的颜色，因为它反射所有颜色，而不像黑色吸收所有颜色。白色代表清晰、光明、神圣、超越、智慧、坦率、纯真和宁静。没有比雪、冰、云和月亮更纯正和夺目的白色。在负面的联想中，它代表着不育、疾病、清算、鬼魂、噩梦和死亡。在西方传统中，"白色"一词与背景相关联，如空白页、暂停、没有家具的房间、缺乏想法、不眠之夜和没有污点的衣服。在艺术中，白色与大规模雕塑，新古典主义和完美、理想的建筑相关联。因为它是神圣、纯洁和童贞的象征，它是宗教和婚姻中最常用的颜色之一，而在东方，它是哀悼的颜色。在时尚方面，白色是春夏系列的常用色，它清新、明亮、通用。在由蕾丝、薄纱、平纹细布、棉质、绸缎、雪纺、卢勒克斯®织物和亮片制成的服装中，任何款式用白色都会有优雅的感觉，永不过时。白色会显得皮肤偏古铜色，因此可以很好地与其他颜色搭配使用。对于经典的服装，它完美搭配黑色和蓝色。当用统一的颜色进行深浅转变时，白色非常复杂，与菘蓝色、蓝色、仙客来色、淡紫色和粉色搭配起来非常微

妙，与青绿色、鲜绿色和珊瑚红搭配起来有夏日的感觉。它与卡其色、米色、吃土色、革色和深褐色搭配起来有殖民时期的风格。白色的牛仔布和水洗面料显得运动又年轻。雪纺、刺绣、蕾丝、薄纱。丝绸和绸缎制成的白色晚礼服非常优雅。但是由于白色很亮，因此贴身的白色衣服可能会显胖。白色非常适合皮带、鞋子、围巾、珠宝等配饰，还可以搭配金属或者水钻。但是由于白色色度非常高，因此会显胖。

黑色

黑色是原始黑暗的颜色。它与白色相反，因为它吸收光而不是反射光。它代表了夜晚、雷暴、宇宙的深度、黑洞、深渊、"虚无"，但也有重生、繁殖、混乱和先知的意思。黑色的象征意义更多是负面而不是积极的，包括之前列出的内容，如死亡、哀悼、极度痛苦、消极、不幸、嗜好、恐惧、抑郁、保密、饥饿、支配、黑色魔力、黑暗和空虚。然而，黑色象征了转变，是光和生命将至的信号，是地球上的黑暗，这黑暗是暂时的，是自然和生灵储存能量的过程。在各种文化中，黑色是祭司服装的颜色，因为它代表了禁令、隐私、尊重和保护。黑色也是许多军事单位和秘密社团的颜色。它的冲突性使黑色成为抗议、叛逆（如重金属、哥特和朋克）的颜色，也是新纳粹、光头党、黑人和各个国家的极端分子等常使用的颜色。在艺术媒介中，黑色是人类使用的最古老的颜料。世界上最黑的黑色也被称为"黑洞的颜色"，是在实验室中通过使用碳纳米管表现的材料：纳米碳管黑体的颜色能够吸收99.96%的光，没有反射，它还能吸收激光的光线，像是外太空的黑洞。用这种材料涂上的任何物体基本上都变得不可见，完全消除深度，看不出三维效果。它是一个均匀的平面，根本没有任何运动。目前它只用于军事和空间领域，但谁知道它在未来会有什么惊喜。在时尚界，黑色

粉彩色

粉彩色是黎明的颜色，是光和水的结合，是漫长冬天后自然的苏醒，是重要原型的缩影。"色彩玄学"将这种颜色定义为第一种类型的可见光，最先开辟了通往色彩之力的途径。从视觉来看，它是低饱和度的颜色，其光谱范围向春天一样广阔。它们是多功能，别致，精致的粉红色、杏色、浅蓝色、天蓝色、沙色、浅绿色、淡紫色、浅黄色、珍珠灰色、奶油色以及成千上万种其他温馨细腻的色调。从象征意义上讲，它们与女性、青年、无忧无虑的态度、无所畏惧、浪漫主义、积极性、希望、同情、脆弱、宁静、期待有关。在感知层面，它们让人感到轻松、愉快和易于接近。在时尚界，它们是春天必备的颜色。它们针对每个目标市场和风格进行了诠释，从纯色到花卉图案、蕾丝、配饰等，以及同样多种色谱和色调组合。粉彩的搭配是最好的组合。但是组合颜色最好限制在三种颜色，以免显得杂乱无章。粉彩色具有光泽，同时不透明。将其运用在薄纱、雪纺、丝绸等材质上时都是精致而感性的；在白天或夜晚，粉彩色都可以作为镶嵌使用。刺绣，亮片，施华洛世奇水晶和水钻，则显得更珍贵和精致。但如果过度使用，它们不太适合与金银搭配。渐变色牛仔裤、皮革和深色衣服搭配粉彩色相当出彩，且永不过时。

参考书目

伊娃·蒂·斯特伐诺，康定斯基，联合出版，2008

米歇尔·帕斯托罗，多米尼克·西蒙内特，《关于颜色的口袋书》，恩宠桥，米兰，2006

艾萨克·牛顿，光学，《反思录》，折射，《光的变化和颜色》，第四版，伦敦

约翰·牛卡尔·牛福卢格尔，《服装心理学》，霍加斯出版社，心理分析研究所，1950

皮尔洛·皮尔特洛·布鲁内里《色彩信息》，Ikon出版社，米兰，2010.

约里特 托奇斯提，《颜色与光》，Ikon出版社，米兰，2001

玛丽·路易斯·拉西，《通过色彩了解自己》，宝瓶座出版社，1989

勒娜特·庞帕，"鲁道夫·斯坦纳：思想，颜色，艺术"，业力新闻，2013.9

鲁道夫·斯坦纳，《颜色》，鲁道夫·斯坦纳出版集团，伦敦，1935

是永恒的与绝对优雅、感性、自由和诱惑同步，世界上没有任何系列的服装不使用黑色。适合每个季节和时间，黑色有力量突出任何服装和颜色的特征。身着全黑色服装时，衣服和面料可根据场合而变化，由突出的配饰点缀；它常用于晚礼服，并结合了白色、红色、黄色等鲜艳、饱和度强的颜色。因为它的特殊性，它是仪式、晚礼服和重要事件的颜色。它以香奈儿（Chanel）的黑色小礼服而闻名，裙子由一串珍珠点缀，是优雅衣橱的必备品。黑色适用于所有色调，但应避免与那些特别深的颜色搭配，以免降低其色调。在与电光蓝和紫色搭配时独一无二，可轻松演绎不同风格，使人格外引人注目。在光泽与哑光结合后，它变得非常微妙，它与铁蓝色和紫色结合后的颜色独一无二，可以轻松演绎各种风格，引人注目。优雅、经典、精致、微妙、具有少数民族特色、异想天开、闪闪发光、不拘一格、充满幻想、极简、充满诗意、透明、大胆、荒谬、充满魔力，无论如何穿着，都将回归最原始的色彩。因为黑色能够吸收所有颜色，因此黑色衣服可以显瘦。

目录

时尚视觉：跟着大师学时装画 >

现在你已经知道该怎么做了……把它全部装在大礼帽里，放在头上，挥舞魔杖，然后忘记一切，开始发挥你自己的想象力。

蒂奇亚纳·帕奇

315

蒂奇亚纳·帕奇
TIZIANA PACR

蒂奇亚纳·帕奇现居家乡意大利佩萨罗，在里世奥·马兰戈尼学院教授时装设计和绘画。在三十年的绘画生涯中，她总结、创造了一些设计方法，并改进了时装草图和人物的绘画技巧。她将艺术与教育实践结合，汇编成书籍。因其创新性、实用性和丰富的案例，这些书籍已被翻译成多种语言，供世界各地的学校学习。

帕奇女士喜欢在各个行业表现她的艺术表现力。她的作品曾参与过米兰、罗马、博洛尼亚、乌尔比诺和佩萨罗举办的个人和团体展出。在剧院方面，她设计并制作了由加博利·法拉利执导的喜剧、抒情歌剧和舞蹈的表演服装。同时，作为一名服装设计师，她也为学校团体举办的十场戏剧表演设计了舞台服。在国家

活动和电视节目中帕奇女士凭借其充满艺术感的"Concetto Moda"连衣裙获得广泛好评。她身上有一种令人难以置信的女性魅力。她曾在乌尔比诺大学和安科纳实验设计中心授课。她的邮箱是 tizianapaci57@gmail.com。

致 谢

首先，我要感谢我的丈夫毛里齐奥和我的女儿安娜·格莱塔，他们在精神上给了我充分的支持和鼓励。在长达三年的紧张工作中，我产生过自我怀疑，也有许多不断涌出的想法，不断地改写，垃圾箱里堆满了废稿。幸运的是，我们家是艺术家部落，工作让我们日夜颠倒，冰箱空着也没人发觉。

我还要特别感谢我的校正员、我的朋友和尊敬的老师安东尼娅。除了她宝贵的建议之外，普罗耶蒂还为我耐心和细心地重读。特别感谢安东内拉·帕加诺，一位非常有才华的诗人和朋友，她独特而美丽的介绍，敏感地诠释了作品的形象和背景，表现了一种高度，微妙，文明的综合，具体到足以美化整本书。

衷心地感谢安东尼娅和阿尔伯托，他们是佩萨罗的安杰洛齐·科洛里艺术品供应商店的所有者，他们给予了我很大支持，让我可以尝试不同类型的纸张、颜料和马克笔。

我还必须向佩萨罗的里世奥·马兰戈尼学院和乌尔比诺的里世奥·马兰戈尼学院的一年级学生表示敬意和感谢，他们的图稿丰富了这本书的内容。我的学生斯特拉·坎德拉里奥·德阿莱娜（Stella Cancellario D'Alena）提供了彩色铅笔章节中的老虎，比安卡·德·安吉利斯（Bianca De Angelis）提供了水粉画章节中的非洲大象。感谢巴尔科·布吉，我的前学生，同时也是非常有才华的艺术家，他曾与多位时尚人士合作过，他是时装设计行业的未来之星。非常感谢罗兰·阿康热尔，一位善良且备受尊敬的包和配饰设计师，他为本书提供了相关素材。

对我最亲爱的伙伴和设计师伊丽莎白·杜兰迪·库可，我想给她一个大大的拥抱。对我的女儿安娜·格蕾塔，一位才华横溢的音乐家和画家，我非常感谢你在电脑处理章节提供的插图。我想拥抱我教师生涯中认识的所有学生。他们是激励我执教，并不断探索和创新技术和理论的人们。这是一个困难的、有争议的但也是非凡的专业，我将尽我所能地告诉你们我所知道的一切。我坚信，重要的是我甚至要说是强制性的归还上天给我们的礼物，这就是为什么我很高兴能够在我的书中写出我多年的经验。我相信这是与学生们联系和交流的最佳工具。我还要感谢我的出版商。最后，我要衷心地感谢我的朋友和同事们，我爱他们。

蒂奇亚纳·帕奇